WHAT
IS
LIFE

生命是什么

少年读经典·第一辑

[奥] 埃尔温·薛定谔 _____ 原著

李异鸣 _____ 主编

哈尔滨出版社
HARBIN PUBLISHING HOUSE

图书在版编目（CIP）数据

生命是什么 / 李异鸣主编. —哈尔滨：哈尔滨出
版社，2021.10
（少年读经典.第一辑）
ISBN 978-7-5484-6274-3

Ⅰ．①生… Ⅱ．①李… Ⅲ．①生命科学－少儿读物
Ⅳ．①Q1-0

中国版本图书馆CIP数据核字（2021）第180168号

书　　名：**生命是什么**
SHENGMING SHI SHENME

作　　者：李异鸣　主编
责任编辑：尉晓敏　孙　迪
责任审校：李　战
封面设计：沈加坤

出版发行：哈尔滨出版社（Harbin Publishing House）
社　　址：哈尔滨市香坊区泰山路82-9号　　邮编：150090
经　　销：全国新华书店
印　　刷：天津文林印务有限公司
网　　址：www.hrbcbs.com
E－mail：hrbcbs@yeah.net
编辑版权热线：（0451）87900271　87900272
销售热线：（0451）87900202　87900203

开　　本：710mm×1000mm　　1/16　　印张：76　　字数：958千字
版　　次：2021年10月第1版
印　　次：2021年10月第1次印刷
书　　号：ISBN 978-7-5484-6274-3
定　　价：193.00元（全6册）

凡购本社图书发现印装错误，请与本社印制部联系调换。　服务热线：（0451）87900279

作者简介

埃尔温·薛定谔(1887~1961),奥地利物理学家,1887年出生于维也纳,20世纪伟大的科学家之一。量子力学奠基人之一,以波动方程式开创了波动力学,1933年获诺贝尔物理学奖;在统计力学、广义相对论和宇宙学等方面亦成就斐然;1937年获马克思·普朗克奖章;主要著作有《波动力学四讲》《统计热力学》等。

人们通常认为，一位科学家应该对某一个学科的知识了如指掌，因而他是不会就他不太通晓的话题去发表结论的，这就是科学家必须承担的责任，人们把这叫作"位高而任重"。可是目前为了写这本书，我宁可放弃任何这方面的荣誉——如果我有什么科学家的荣誉的话，同时不被相关责任所束缚，我这样说的理由是：

我们坚持不懈地追求着知识的普遍性和统一性，从古至今从未停止。自最高学府——大学诞生，千百年来已经经历了许多世纪，无不证明只有普遍性才是我们所追求的真知。然而近百年来知识的分支在广度和深度上有了巨大的发展，反而使我们陷入了一种进退维谷的困境。一方面我们已经强烈地认识到，我们能够收集到可靠信息，将知识综合成一个有机的统一体；另一方面，想要充分掌握比专业领域更多的知识，对任何一个人来说也是几乎不可能的事了。

除非我们中间有些人能冒着被认为是误导大家的风险站出来，着手综合这些知识和理论，即使他们拿到的是第二手的、不完备的知识。除此之外，我看不到再有摆脱这种困境的其他办法了，否则我们将永远逃脱不了这个困境，对此只能深表歉意。

语言的障碍是不可忽视的，一个人的母语如同一件十分合体的外衣，可是当他不能穿而不得不另找一件来代替时，他是绝不会感到很舒服的。我要感谢因克斯特博士，都柏林三一学院的布朗博士，还有S.C.罗伯茨先生。他们竭尽全力地帮助我，使得这件衣服符合我的身材。同时因为我坚持要保持自己的风格，给他们增加了很多麻烦。假如这些风格使得文章偏离了要表达的意思，也是我自己的责任而与他们无关。

书中的每部分内容的标题是当作页面边缘的概要写上去的，而正文部分都是一个连贯的整体。

感谢达林顿博士和努力的出版者帝国化工业有限公司，图版上原有的说明都曾保留着，虽然许多细节与本文是无关的。

E. 薛定谔

都柏林

1944 年 9 月

目录 >>

contents

生命是什么

第一部分

第一章

经典物理学家对这个主题的探讨

我思故我在。

——笛卡儿

1. 研究的一般性质与目的

这本书的内容是我作为物理学家给大约 400 多名听众所做的一次公开演讲。我在开始演讲之前就说过，这是一个难懂的题目，虽然书中少有令人头皮发麻的数学演绎，但演讲内容也不是很通俗的，可是听众并未因此而减少。较少涉及数学演绎推理，不是因为这个主题很简单，相反是因为它实在太复杂了，只用数学知识推理是无法解释的。为了使演讲内容稍微好理解一些，我努力在演讲中用最通俗的语言来解释生物学和物理学的基本概念。

虽然本书涉及很多问题，但归根结底是为了把一个重大的问题讲清楚，这样其他问题就能迎刃而解。为了我们明确探讨的方向，简要地介绍一下这本书的内容就显得非常有必要。

这个被频繁讨论且重大的问题是：

一个生命有机体在空间和时间上发生的事件，如何用物理学和化学来解释？

这本书对这些问题的探究做了初步总结如下：

纵然当前的物理学和化学在解释这些问题时显得无能为力，也不能因此怀疑无法用科学原则和方法来解释这些事件。

2. 统计物理学结构上的本质差别

如果说只为过去尚未成功而渴望未来得以改变，那么前面的论述就没有什么意义了。我们感兴趣的是，为什么迄今为止物理学和化学无法解释生命问题，这才是意义所在，重中之重。

经过当今的生物学家，尤其是遗传学家在过去的三四十年来的不懈努力，对有机体的真实的物质结构及其功能已经有了充分的了解，据此足以判断，当前的物理学和化学还不能解释生命有机体在时间和空间维度发生的事件。

一个有机体的最重要组成部分的原子排列，以及这些排列的相互作用的方式，与被物理学家、化学家为了实验和理论研究摆弄出来的原子排列是根本不同的。其他人会认为我所说的这种差别无足轻重，除了认同物理学与化学是统计力学的物理学家。① 这是因为生命有机体内最重要的部位的结构极其复杂，与物理学家和化学家实验中研究处理的完全不同。物理学家与化学家要直接把研究发现的物理学和化学定律应用到生命有机体的行为上去，这简直是无法想象的。②

我用如此抽象的语句描述的统计学结构的差别，就没有期待一

---

① 这个说法过于笼统，在本书的最后 7~8 节再进行探讨。

② F.G. 唐南在两篇具有启发性的论文中强调了这个观点。详见《科学》第 24 卷，78 期，第 10 页，1918《物理化学是否能描述生物学现象》；《密斯学院报告（1929 年）》第 309 页《生命的秘密》。

个不是物理学家的人能理解这些差别，遑论去领悟这种区别的现实意义。为了将后面的内容讲得生动有趣，我提前把内容向大家透露一下，染色体是一个活细胞的最重要的部分，可以称之为非周期性晶体。迄今为止，物理学只研究过周期性晶体。而对于一位不甚高明的物理学家来说，周期性晶体是十分有趣而复杂的事物。因为它们构成了极有吸引力的复杂结构。这种结构使得无生命的自然界已经让物理学家穷于应付了。然而它们和非周期性晶体比较起来，结构上显得非常简单而单调。举个例子来说明这种结构上的差别，就好像有一幅墙壁上的画，是以一再重复出现的同一种花纹构成的，另一幅则像拉斐尔毛毡那样巧夺天工，它的画面看上去不单调呆板，没有什么重复画面，显现出绘制大师精美的构思，无疑是一幅精致有层次的、有意义的图画。

周期性晶体是物理学家所研究的最复杂的对象之一，其实有机化学家研究的分子越来越复杂，已经十分接近那种非周期性晶体。这种非周期性晶体正是生命的物质载体，因此有机化学家对生命问题已做出了巨大贡献，而物理学家却无所作为就不足为奇了。

3. 一位朴素物理学家对这个主题的探讨

我已经将我们研究的基本观点进行了简单的概述，接下来我将进一步阐述研究的途径。

首先，我要阐述的是一位"朴素物理学家关于有机体的观点"。

换言之，就是物理学家所持有的那些观点。这位物理学家在学习了物理学知识尤其是统计力学以后，开始探索有机体的活动和功能方式。这使他难免会扪心自问：以他自身掌握的知识量和简单而低级的科学观，是否能够为解决这个问题做出一点贡献。

幸运的是，他发现自己是能够做到的。进而就是要把理论上的预见与生物学的事实加以比照，来证明他的观点大体上是行得通的，除了细微之处需要修正外。照此下去，他就会逐渐接近正确的观点，或者谦虚地说，接近自认为是正确的观点。

即使在这里我是正确的，我也不知道我所探索的道路是否就是一条最好与最快捷的。我所说的朴素物理学家就是我自己，除了这一条曲折的道路外我再找不到达到这个目标的更好方法，这便是我的道路。

4. 为何原子如此小

要想将"朴素物理学家"的观点阐述清楚，那要弄清楚一个很好却又可笑的问题，为何原子如此小呢？首先它们确实非常微小。生活中的每个物质都含有数量惊人的原子。为了使大家更清楚这个事实，我曾经找到过许多例子，但没有比开尔文勋爵[①]所引用的例子更加形象的：如果你给一杯水中的所有的分子都做好标记，再把这

---

① William Thomson（1824~1907），英国物理学家，热力学的发现者之一，在电磁领域亦成就卓著。

杯水倒进海洋，经过彻底搅拌使得水分子均匀地分布在全世界的七大洋中。假如你从任何一处舀出一杯水，就能发现这杯水中大约有100个你标记过的分子。[①]

原子的实际大小是黄色光波长的 1/5000 到 1/2000 之间。这组数据的比较结果大致表明在显微镜下仍能辨认的最小粒子的大小。即使如此微小的粒子中，内部竟然包含着数十亿个原子。

那么，为何原子如此小呢？显然从表面上回答这个问题是不行的。因为这个问题的目的并不在于讨论原子的大小，而是有机体的大小，尤其是我们自己身体本身的大小。假如我们用日常的单位来衡量，比如码或米（1 码约为 0.9144 米），原子确实非常小。在原子物理学中，人们通常用埃作为单位来衡量，即是 1 米的 100 亿分之一。若以十进制小数计算则是 0.0000000001 米。原子的直径在 1~2 埃的范围内。日常的长度单位与我们身体密切相关。关于埃的起源有一个有趣的故事，一个幽默的英国国王，当他的大臣问他采用什么单位时，他就把手臂向旁边伸展开说："从我胸部正中到手指尖的长度，拿来当作度量单位吧。"不管这个故事是真是假，它对我们来说很有意义。这位国王很自然地提出用他自己的身体来表示长度，因为其他任何东西做单位都不如这个方便。尽管物理学家如此偏爱埃这个单位，但当他需要做一件新衣服时，他还是宁愿说

---

① 很显然你不一定正好找到 100 个分子，也可能是 89 个，98 个，110 个，总之介于 50 和 100 之间。统计学家则将其表示为：100±10 个。

新衣服需要六码半布料，而不是 650 亿埃。

所以，我们提出的问题的核心在于两种长度的比例，我们身体的长度和原子的长度的比例。因为原子是特殊独立的存在，有着无可争辩的优越性，所以我们应该反过来提问题：和原子相比，我们的身体为什么这么大？

不难想象许多聪明的物理学系和化学系的学生会对以下假设感到遗憾。我们身体的重要部位由许多感觉器官组成，但是从它们构成的比例来看，这些感觉器官又是由成千上万的原子组成的；因此，这些感觉器官对于单个原子的碰撞来说显得太粗糙了。我们看不见单个原子，也摸不到、听不见它。原子不同于我们迟钝的感觉器官所能直接感受到的东西，所以也不能通过直接的观察检测到它们的存在。

事实是否如此呢？有没有内在的原因可以解释这个现象？为了能够阐述并解释为什么感官不合乎自然界的规律，我们可以追溯到某种第一性的原理吗？物理学家能给予肯定的回答，因为这是他们完全能够搞清楚的一个问题。

5. 有机体的活动需要严格遵守物理学定律

假如有机体的感官不那么迟钝，而是十分敏锐，就能感觉到单个原子或者少数几个原子的印象。如果这个假设成立，生命是个什么样子？可以肯定地说，那样的有机体是绝无发展出有序思维的能力的。这种有序的思维，经历漫长的发展才能形成原子的概念。

虽然我们只围绕感觉器官做了例举，但以下的探讨对于大脑和感觉系统以外的各个器官的功能都适用。然而，对我们自身来说，我们最感兴趣的是感觉、知觉和思维是怎样产生及发挥作用的。在人的思维和知觉生理学过程当中，起主导作用的是大脑与感觉系统，其他器官只是起辅助作用。即便从客观的生物学观点来看并非如此，但至少从人类的观点来看是如此的。并且这种认识大大有利于我们去研究那些与主观感受紧密相关的事物。尽管我们对这种紧密现象的真正性质所知甚少。依我所见，那已经超出了自然科学范围，甚至完全超出了人类理解的极限。如此一来我们不得不面临着以下问题：为什么我们的大脑以及附属于它们的感觉系统，是由成千上万的原子组成的？大脑的物理学上状态的变化密切地对应着高度发达的思想，但是大脑不管是从整体上还是它同环境相互作用，都不能像一台精巧灵敏的仪器那样，对来自外界的单个原子的碰撞做出反应和记录。产生这种差异的原因是什么呢？

原因有两个：第一，思维本身就是一个有秩序的体系；第二，思维只能建立于一定程度的感知或经验基础上。于是产生了两种结果：一、思维密切对应的躯体组织是极其有序的，与我的头脑密切对应，我的思想一定是十分有秩序的组织，这就意味着它内部发生的事件必定严格遵循物理学定律；二、对于感觉和经验，外界物体对这个极其有序的物理学系统所产生的反应，就是思维的物质基础。

可见，这个系统和外界物体之间的相互作用具有一定的物理学秩序，它们必须遵守严格、准确的物理学规律。

6. 物理学定律以原子统计学为依据，因而只是近似

假设一个有机体由一个或少量原子构成，它对一两个原子的碰撞很敏感，为什么就实现不了上述的目标呢？因为所有的原子每时每刻都在进行着无规则的热运动。这种无序的运动抵消了它们有秩序的运动，使得少量原子的有规律的运动不会表现出来。只有当不计其数的原子加入进来，统计规律才能有效，它的精确性随着原子数目的增加而增加。通过这样的方式，系统的行为才真正获得了有序性。在生命有机体中起重要作用的所有物理学和化学的定律都包含在统计学的定律中，人们所想到的任何其他种类的规律性和持续性，总是被原子的无序运动扰乱或是不再起作用。

7. 它们的精确性是以大量原子的介入为基础的第一个例子（顺磁性）

我想举几个例子来说明这一点，我从成千上万的事例中随机举出了几个，对于初次了解这些问题的读者来说，这些例子不一定是最好的。我们所探讨的是现代物理学和化学中最基本的概念，就好比生物学中细胞构成了有机体，或天文学中的牛顿定律，抑或像数学中的1、2、3、4、5……整数序列。不能去要求一个初涉此问题

的人能够通过这寥寥数页的内容，就充分理解和领会这个问题，那是异想天开。这个问题和路德维希·玻耳兹曼[①]、威拉德·吉布斯[②]等伟大人物的名字紧密相连，被教科书称为"统计热力学"。

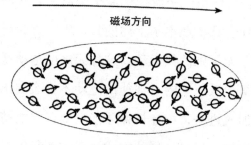

图 1　顺磁性

如果你往一个长方形的水晶管里充氧，然后把它放入磁场，你会发现气体被磁化了。被磁化是因为氧分子是一些微小的磁石，它们就好像罗盘指针保持着与磁场平行的方向。但是你千万别认为它们全都平行于磁场的方向。如果你加强磁场，氧气中的磁化作用也会加倍，更多的氧分子会转向这个方向。磁化效应会随着磁场强度而增加，即使达到极高的场强这种正比关系依然成立。

---

① Ludwig Edward Boltzmann（1844~1906）：奥地利物理学家、哲学家，热力学和统计物理学的奠基人之一。他发展了通过原子的性质来解释和预测物质的物理性质的统计力学，并且从统计意义对热力学第二定律进行了阐释。玻耳兹曼建立了玻耳兹曼方程，提出了著名的玻耳兹曼熵公式。

② Josiah Willard Gibbs（1839~1903）：美国物理化学家、数学物理学家。他创立了向量分析并将其引入数学物理之中。他奠定了化学热力学的基础，提出了吉布斯自由能与吉布斯相律。

这个例子纯粹属于统计学的范畴。磁场中氧原子总是向着一定的方向运动，同时它们又不断地被热运动的随机取向干扰。这两种斗争的结果是使得磁偶极子轴同一个方向的夹角可能是锐角，成为锐角的可能性远大于成为钝角的情况。虽然单个原子在不断地改变它们的空间取向，但是由于数目巨大，平均来看，朝向场的方向并与之成比例的取向稍占优势。这一巧妙的解释来自是法国物理学家保罗·郎之万[①]，可以用下面的方法来验证上面的说法：假如弱磁化现象是两种对抗趋势的结果，并使大部分分子平行于磁场，同时存在随机取向的热运动的干扰，那么可以通过降温来减弱热运动来代替加强磁场。实验已经证明了这一点，磁化强度和绝对温度成反比，与理论预测的基本相符。我们能够用现代的实验设备通过降低温度把热运动降低到几乎完全停止。在这种情况下，氧分子表现出磁场的取向趋势，即使不是完全的取向效应，至少也接近"完全磁化"。在这种情况下，场强加倍并未使磁化作用增强，而是随着场强增强磁化度增长越来越慢，接近于所谓的"饱和"，这个效应也被实验所证实。

其中有一点不可忽视，这种情况完全依赖于磁化作用时进行合作的分子数量的限制。否则磁化就不会是恒定的，而将是无时无刻都在做不规则的变化。这就成为热运动同磁场之间相互作用、彼此

---

① Paul Langevin（1872~1946）法国物理学家，主要贡献有朗之万动力学及朗之万方程。1905年提出关于磁性的理论。发展了布朗运动的涨落理论。

制衡的见证。

8. 第二个例子：布朗运动·扩散

在一个封闭的玻璃瓶子里装一团微小水珠组成雾气，你会发现瓶子里面上边的雾气在按一定的速度逐渐下沉，如图 2 所示。

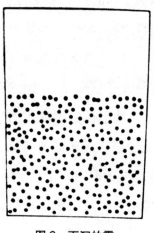

图 2　下沉的雾

这种速度取决于空气的黏度、小水珠的大小和重力。可是当你用显微镜观察雾气中的一颗水珠时，你看到的却不是这种情景。小水珠是在做不规则运动，也就是布朗运动，而不是在以一定速度下沉。只有大体上看雾气的运动才是一种有规律的下沉。

图3 下沉水珠的布朗运动

这些小水珠并不是原子，但它们又小又轻，甚至能感觉到单个分子撞击它们的表面产生的冲击力。它们不断发生连续碰撞，在相互扰动中不停改变位置，只有大体上看才服从重力的影响而呈现下沉趋势。

这个例子说明，假如我们的感官也能感觉到微小分子之间的碰撞，那么我们的感受将会多么丰富而混乱。一些微小的生物比如细菌，它们如此微小，以致受到这种现象的影响非常强烈。它们的活动被环境的分子热运动左右着，自身没有选择的余地。如果它们自身能够移动，那么它们就有可能改变自己的位置，从某处移到另一处。这一点显然也是极为困难的，因为热运动产生的颠簸，使它们像在惊涛骇浪中漂浮着的一只小船，只能随波逐流。

一种与布朗运动类似的现象是扩散现象。在一只装满液体的容器中，溶解少量的有色物质，比如高锰酸钾。在水中溶解一点高锰酸钾，并使得容器各处的浓度不同，如图 4 所示。

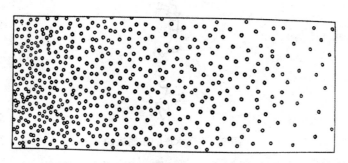

图 4　浓度不断变化的溶液，从左向右的扩散

如果此时你将瓶子放下静止不动，容器内部，一个非常缓慢的"扩散"现象开始了。高锰酸钾不断地从左向右移动，从浓度高的部分向浓度低的部分扩散，直到均匀地分布在水中才停下来。

值得一提的是这个简单而并不有趣的过程，却有着重要的意义，没有任何趋势或力量使高锰酸钾从高浓度向低浓度扩散，就像一个国家的人口从密集的地区向稀少的地区迁移。每个高锰酸钾分子，都是独立而并非发生碰撞的。但是它们却不断受到水分子的撞击，所以它们的运动轨迹无法预测，有的向着高浓度的地方去，有的向着浓度低的方向去，有的斜向移动。类似于被蒙住眼睛的人的活动轨迹，只想要前进而没有确定的方向，所以不断地改变着路线。

虽然高锰酸钾的运动路线毫无规则，但总体上还是向着低浓度区域扩散的，而且直到在溶液里面分布均匀为止。这个问题初看起来令人疑惑，事实上如果你把图 4 看成是一层层浓度相同的薄片，抽取其中某一时间的某一薄片进行考察，由于高锰酸钾分子的运动是随机的，实际都是随机而动，所以每个分子被撞击到左边和右边的概率一样大。由此我们可以借助一个设想来分析，假定两个薄片之间存在一个平面的分子，朝左面运动的高锰酸钾分子比向右面的多，使得左边有更多的分子参与这种不规则运动。因此在总体上表现出分子从左向右流动的趋势，直到瓶中各处浓度相同。

如果用数学语言来表达上面的分析过程，偏微分方程能够精确地反映扩散定律。

我不打算再次用晦涩的语言向读者介绍更多，虽然普通的语言也可以描述方程。我强调这个数学定律，不是为了说明每个具体的情况都具有物理学的精确性。扩散是基于纯粹概率论的，所以它的正确性只是近似。如若它的正确性近似完美，那么是参与扩散现象的分子量不计其数造成的。因此参与的分子量越少，偏离规律的概率就越大，在合适的条件下所观察到的偏差就会越大。

9. 测量准确性的限度：第三个例子

我所举的最后一个例子与第二个类似，只是在比较后会发现其独特之处。假设悬挂在一根细长绳子上保持着平衡的物体，可以用电力、磁力或重力使它围绕绳子旋转。物理学家通常使用这种装置来测量微弱的力，这种装置叫"扭力天平"。当然，实验装置中这个轻物体必须根据实验的目标做出选择。在使用和调节扭力天平的准确度时，人们碰到了一个奇妙的极限。假如使用更加轻的物体和更细更长的绳子，那么这个天平所感应到的力会越来越弱。当悬挂的物体敏锐地感受到周围分子热运动的冲击，它就会开始在平衡位置附近做无规律的"跳跃"，就像第二个例子中颤动的水珠那样，此时测量的精确度就达到了最佳状态。虽然这种操作不是测量精确度的极限，但它却是实际操作上的极限。热运动的无规律效应与未知外力的效应相互干扰，从而使得我们每次得到的偏差值失去了意义。为了减轻实验中布朗运动的影响，必须取得更多次的实验数据。在目前的各种研究中，这个例子最有启发性。我们的感觉器官相当于一种实验仪器，如果它太过敏锐，也是一件可怕而没有价值的事。

10. $\sqrt{n}$ 律

暂且就举这么多例子吧，我想再补充一点，可以用来作为例子的物理学和化学定律难以胜数，它们与有机体内部有关，或者同有机体与环境的相互作用有关。我并不是要厚此薄彼，也许其他例子的解释更加复杂，但个中要点都大同小异，如此看来举更多的事例反而会显烦琐枯燥。

但是有个定律值得详细介绍，就是所谓的 $\sqrt{n}$ 律。它是用来描绘是物理学定律存在的不精确值的。了解这一点非常重要，我先用一个简单例子来解释它，再进行概括。

某种气体在一定的压力和温度下，具有一定的密度，也就是说，在此气压和温度下，某种气体的体积内（适合做实验的体积）正好有 n 个气体分子。假设你能在某一刻检验我的说法，你将会发现它是不准确的，存在着偏差，这个偏差就是 $\sqrt{n}$ 的量级。因此，如果数目 n=100，你会发现大约 10 的偏差，相对误差是 10%。而当 n=1000000，你会发现大于 1000 的偏差，相对误差是 0.1%。从大体上讲，这个统计学定律是普遍成立的。物理学和化学定律并不是完全精确的，它们都存在着一定的相对误差，而且这个相对误差在 $1/\sqrt{n}$ 的范围内。这里的 n 是指在某些条件或某种研究实验中，在一定的时间和空间范围内体现定律有效的分子数量。

由此可见，生命有机体必须是一个巨大的机构，它的内在生命和它同外部世界的相互作用都能被很精确的规律所描述。如果参与合作的分子量太小，或者空间结构不足，则会导致"定律"不太准确。尤其是当这个定律出现了平方根，例如：尽管 1000000 是一个相当大的数字，但是精确性仅有 1/1000，这样的精确度对一条神圣的自然法则来说还相去甚远。

第二章

遗传机制

:

存在是永恒的，因为有许多法则保护了生命的宝藏，而宇宙从这些宝藏中汲取了美。

——歌德

1. 经典物理学家那些绝非无关紧要的设想是错误的

生物和其经历的与生命相关的过程，必须具有足够多的多原子结构，必须防止偶然性的单原子事件起到主导作用。朴素物理学家告诉我们那是必要的，正因如此，生命才能获得足够精确的物理学定律，并按照这些定律展开有序的活动。怎样从物理学得出的观点预见这些结论，并且使它们与实际事实相符合呢？

刚开始人们并不是特别看重这个结论，因为 30 年前的生物学家就已经有这种看法了。可是对于公众演讲来说，统计物理学对有机体的重要性在其他领域也适用。虽然适合演讲，但并没有新鲜的内容。对任何高等生物的成年个体而言，他的躯体以及组成躯体的每一个单细胞都拥有"天文数字"般的各种原子。和 30 年前所了解的一样，我们观察到的每一个具体的生理过程，都包含众多的原子和单原子过程，不管是发生在细胞内的过程还是发生在细胞与周围环境的交互中，皆是如此。如此一来反而保证了物理学和物理化学有关定律的一致性，而同时也符合统计物理学关于大数的严格要求，从而保证了定律的有效性。这种"大数"的严格要求，就是我刚才所说的 $\sqrt{n}$ 法则。

现在我们知道这个观点不正确，我们将会看到有机体的体内有许多微小的原子团，它们的尺寸小到表现不出精确的统计学规律。可是它们却在有秩序和有规律的生命过程中起着支配作用。它们控制着有机体发育过程中获得的外显性状，它们直接决定了有机体功能的重要特性。生物学定律彻底而精确地贯彻在所有有机体的生命运动中。

在初始阶段，我先简要地讲一点生物学，特别是遗传学方面的情况。我不得不简要地介绍这门科学的发展现状，虽然这个领域不是我的专长。因此我对自己说的这些外行话感到非常抱歉，尤其是对生物学家。另一方面请允许我多少向你们介绍一些当前主流的观点。我这样说是因为一个蹩脚的物理学家不可能对实验材料做出权威而全面地论述。这些实验材料一些来自众多漫长的繁育实验，另一些来自最精密的现代显微镜对活细胞的直接观察。

2. 遗传的密码

我们的生物学家把染色体称为"四维模式"①，模式这个词，不仅指代了生命体在成年及其他任一发展阶段的结构和功能，而且还指有机生物体从受精卵到成年阶段的个体发育的全过程。现在人们已经知道，整个四维模式是由受精卵这一个细胞的结构决定的，确切地说，是由细

---

① 指四个维度，是一个空间概念，不同的维度代表着不同的空间。比如一维空间指的是直线，二维空间指的是平面，三维空间指的是立体空间。科学家已经证明，我们宇宙的空间结构有延伸的维，也有卷缩的维。物理学中以维度来比拟时空坐标的数目，四维即四个维度，它是由无数个三维组成的，而三维是由无数个二维组成的。

胞核决定的，虽然细胞核是受精卵的很小一部分。细胞核处于细胞正常的"休眠期"时表现为网状染色质。但在细胞分裂（有丝分裂和减数分裂）的特殊情况下可以观察到染色体，它显示出一组颗粒构成的、通常是纤维状或棒状的物质。它的数目是 8 条或 12 条，人的染色体是 46 条[①]，我们应该把数字写成 2×4，2×6...2×23...并且用生物学家常用术语称为两套染色体。单个染色体具有不同的大小和形状，很容易加以区分，但是两套染色体几乎一模一样。有趣的是这两套染色体其中一套来自母体卵细胞，另一套来自父体的精子。通过在显微镜下仔细观察，我们看到这些染色体的轴状骨架纤维，包含了个体发育和成年时的全部模式密码。每组完整的一套染色体都有全部密码。因此可以说在生命的初始阶段的受精卵里，一般有两份遗传密码本。

将染色体纤维结构称为密码本的原因是什么呢？拉普拉斯设想过一个全知全能的人，能预知世间因果。如果有这样一个具有敏锐的洞察力的人，他可以从染色体结构中看到，未来这个卵会在合适的条件下会发育成什么生物，这个卵将发育成一只黑公鸡还是一只花母鸡，是一只苍蝇还是一颗玉米，是杜鹃花还是甲虫，一只老鼠还是一个女人。我们还可以在这个基础上补充一点，是拉普拉斯决定论里没有的，即卵细胞的外观通常都非常相似，就算外观不相似，但是它们的密码结构肯定差别不大，不同之处不过有些卵细胞中所

---

① 原文此处是 24 对，即 48 条。人体的体细胞染色体数目为 23 对，其中 22 对为男女所共有，称为常染色体。

包含的营养物质多一些而已。

将染色体称为"密码本"或许太狭隘了，染色体结构本身在促使卵细胞发育中有重要意义。它既是法律条文也是执法机关，或者更贴切的比喻是，它们既是蓝图也是建筑师。

3. 个体通过有丝分裂而生长

在个体发育中染色体产生了什么样的变化呢？

生物的生长是由连续的细胞分裂引起的，这样的细胞分裂叫作有丝分裂。我们的身体是由无数个细胞组成的，但是在一个细胞的生命过程中，有丝分裂并不是频繁发生的事件。在生命诞生之时细胞的生长是很快的。受精卵分裂成 2 个子细胞，而后分裂成 8 个，16 个，32 个，64 个……只是细胞的有丝分裂的速度在全身各部位中并不相同，因此各部位的细胞数量不一样。通过简单的计算，我们就可以推断出卵细胞只要连续分裂 50 或 60 次，就能具备一个成年人的细胞数 [①]，甚至超过这个细胞数目的 10 倍，这是将人的一生更替的细胞也全算在内了。总的来说，我的一个体细胞只是原始卵细胞的第 50 代或第 60 代子孙。

---

① 约为 1014 或 1015 个。

4. 在有丝分裂中，每个染色体都是被复制的

在有丝分裂过程中的每个染色体在如何变化呢？染色体被复制了，每一组染色体与每一份遗传密码都被复制了。这个过程已经被对此感兴趣的科学家深入研究过了。只是篇幅有限，对于这个涉及的细节太广的问题就不细说了。突出的重点是：两个"子细胞"中的每一个都得到了与母细胞完全相同的两套染色体。因此，人类的所有体细胞都有着一模一样的染色体。

虽然我对这种机制了解不足，但可以肯定的是，它们与生物的机能有着密切关系。就每个单细胞而言，它们都拥有一整套遗传密码，甚至那些不太重要的细胞也是如此。前不久我在报上看到蒙哥马利将军要求他麾下的每一个士兵，都对他在亚洲地区的作战计划了如指掌。假如真像新闻所言，正好为我们的理论提供了合理的事例：每个士兵相当于一个细胞。最令人吃惊的是每个单细胞在整个有丝分裂中，始终保持着两套染色体，这也是遗传机制的最明显的特点。在后面的深入研究中才会出现这种规律以外的情况。

5. 染色体减数分裂和受精

当个体进入发育的最初阶段，一团细胞被保留起来，它们的作用是产生成年个体繁殖所需的所谓配子，它们就是精细胞和卵细胞。配子既有可能是精细胞，也可以是卵细胞。这些细胞在个体成熟之前没有其他任务可执行，而且基本不发生有丝分裂，因而视为

"保留"。通过减数分裂保留的细胞产生配子，通常情况下只在配子受精前的很短时间内发生。在减数分裂过程中，母细胞的两套染色体分成两组，每组染色体进入其中一个子细胞中，这就是配子。由此可见，减数分裂并不像有丝分裂那样发生染色体数目加倍的情况。减数分裂的染色体数目保持不变，即每个配子只收到一组染色体，也就是说一组遗传密码本，所以人只有 23 对染色体，而不是 23×2=46 个。

只有一组染色体的细胞叫单倍体，配子是单倍体，体细胞是二倍体，也有三四组或有多组染色体组的情况，它们被称为三倍体、四倍体与多倍体。

雄配子和雌配子都是单倍体，配子配合使它们结合成受精卵，即二倍体。受精卵的染色体组一半来自母亲，一半来自父亲。

6. 单倍体个体

研究表明，遗传密码的完整信息包含在每一组染色体中。在有些情况下，细胞在减数分裂后并不立即受精。单倍体细胞在发生多次有丝分裂后产生了单倍体的个体，比如雄蜂就是一个例子。雄蜂没有父亲，它们来自未受精的单倍体卵，所以它的体细胞都是单倍体。如果你愿意，你可以把它当作一个巨大的精子。事实上，正如我们司空见惯的那样，这是雄蜂一生中的唯一任务。这看起来是个荒谬的观点，因为这种情况并不罕见。许多种植物会通过减数分裂产生单倍体配子，我们将其称为孢子。就像一粒种子落在地上发育成真正的单倍体植物，它的大小与二倍体相似。例如森林中的苔藓，如图5所示。这种植物的下半部分是单倍体植株，叫配子体；而它的顶端发育成了性器官和配子，按照相互受精的方式产生了二倍体植株。茎的顶部有孢子囊，即荚。孢子囊通过减数分裂产生孢子，所以这个二倍体植物被称为孢子体。当孢子囊打开时，孢子就会掉落到地上，又长成有叶片的茎。如此循环反复。以上整个过程被称为世代交替。只要你愿意，你也可以认为人和动物也是如此。人的身体就像孢子体，我们的孢子是前面所述的保留的细胞，通过这些细胞的减数分裂产生出单细胞。

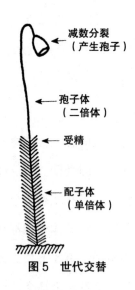

图5　世代交替

7.减数分裂的显著特性

在个体繁殖过程中最为重要的事件不是受精，而是减数分裂。一组染色体来自父亲，另一组来自母亲，这是丝毫不会出现偏差的事。正如男人和女人的遗传基因都是一半来自母亲，另一半来自父亲。而为什么有时是母亲的遗传占优势，有时是父亲的遗传占优势呢？这已经是另一个问题了，我将在后面讲到原因。当然性别的形成就是这种优势的最明显的例子。

可是当你想从你的祖父母身上寻找自己的遗传特性时，情况就会发生变化。下面我先从我父亲的那一套染色体中的一条着手去探寻，比如说第 5 号染色体。这条染色体很可能是我父亲从他的父亲的第 5 号染色体进行复制的复制品，或者是我父亲从他的母亲的第 5 号染色体进行的复制。1886 年 11 月，在我父亲体内发生了减数分裂，并产生了精子。几天后这个精子就导致了我的诞生。要确定这个精子里究竟是我祖父还是祖母的复制品，概率是 50∶50。我父亲所有的染色体组，如：第 1，第 2，第 3……第 23 号染色体都发生这种情况。我母亲的每一条染色体也是这种情况。此外总共 46 条染色体都是彼此独立的，就算知道我父亲的第 5 号染色体来自我的祖父约瑟夫·薛定谔，但是第 7 号染色体的来源究竟是我的祖父约瑟夫·薛定谔，还是我的祖母玛丽·尼玻格娜，概率是相等的。

8. 交换，特性的定位

根据前文的介绍，我们认为一条染色体要么是从祖父那里完整继承下来的，要么是都来自祖母。即，染色体遗传是单条整个地传递下去的。但是事实却不总是如此。在新出生的后代中常常出现祖父母遗传性状的混合，而且比例也远超我们的预测。染色体在减数分裂之前，父亲体内的任意两个"同源染色体"彼此连在一起。在此过程中，它们可能会发生部分交换，如图 6 所示。经过交换以后，一条染色体的两个性状在孙辈中出现分离，从而既得到祖父的遗传特性，也得到了祖母的遗传特性。虽然这种交换既不频繁也不罕见，但是为我们观察染色体定位提供了宝贵的信息。

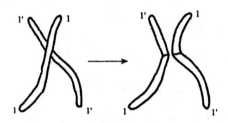

图6 染色体交换。
左图：相互接触的两条同源染色体。
右图：同源染色体交换并分离之后。

倘若不出现这种染色体交换过程，一条完整的染色体拥有的两个特性将永远同时遗传给后代的所有子孙。继承者也同样要同时获得两个特性，而无法分离地继承。在实际的遗传中，同一条染色体上存在的两个特性分离的概率是 50∶50，这样就导致两条染色体可能不会一起被遗传给后代。当然也存在那种在遗传中必然被分开的情形。染色体交换打乱了这些规律和概率，为了确定交换的概率，我们精心设计了繁育实验。经过收集到的后代中性状的数据证实了最初的假设：即处在同一条染色体上的两个特性彼此越靠近，它们之间的"关联"就越不容易被染色体交换打断。因为它们越靠近发生交换的位点，出现在两个性状之间的概率越小。而位于染色体两端的特性几乎在每次交换中被分离。这个规律在同一祖先的同源染色体性状的重组上也适用。

在进行验证的实验中主要的物种是果蝇。实验中将受试群体分成了染色体相同的群，群与群之间没有关联。每个群都可以描绘出一幅特性分布的直线图，它定量地表达了本群内任何两个性状之间的关联程度，从而可以确定这些特性准确的位置。可见性状是有精确定位的，它们排列在一条直线上，就像棒状染色体那样。

显然用直线描绘的形式过于单调而空洞，我们还未实际讨论过通过性状可以了解到什么，将一个作为不可分割整体的生物性状分解成单个"特性"，这样的方法似乎不妥当。在实际的案例中，假如一对祖先的染色体确实存在着差别，比如一个是蓝色眼睛，另一个是棕色眼睛，那么他们的后代，可能继承蓝色眼睛，也可能继承棕色眼睛。我们要找到的就是在染色体上这种差别所在的位置，专门术语称之为"位点"。我们认为基本的概念是特性差别而不是特性本身，虽然这样的表述在语法和逻辑上比较混乱。实际上特性的差别是不连续的，这一点在下一章会详细说明。

9. 基因的最大体积

我们在前面的章节已经介绍过基因，它被当作遗传特性的物质载体。现在我们主要从两个方面来探讨基因的特征。首先是基因的大小及体积，或者说我们要对它进行定位的话，它的最大体积是在一个什么样的范围；第二点是基因的持久性，我们如何从遗传特性的维持时间中得到结论。

关于基因体积的估量，我们有两种完全不同的方法。一种是根据遗传学的证据，来自繁育实验；另一种是根据细胞学的证据，即直接在显微镜下观察。第一种方法的原理相对简单，例如在果蝇繁育实验中，把许多不同的特性在染色体上定位，测出那条染色体的长度除以特性的个数，最后乘以染色体的横截面面积即可。只有那些偶尔会被染色体交换而导致分离的特性才算是不同的特性，这样它们就不会在微观或分子的层面上拥有相同的结构。通过对比发现这是这种方法所得的最大体积，因为遗传学分析而分离出来的特性数量在随研究工作的进行而不断增加。

直接在显微镜下观察是第二种方法，其实这种方式也算不上直接。果蝇的某些细胞由于某种原因增大了许多，染色体也出现了这样的变化。在这些染色体上，你可以找到密集的深色横纹图案，

C．D．达林顿发现大约有 2000 个，总量大体上与繁育试验得出的染色体的基因数相同，他认为这种横纹带就是实际的基因数目。用测得的染色体长度除以横纹的数目（2000 个）就得到了基因大小的数值。基因的体积相当于边长为 300 埃的一个立方体。考虑到这种估算并不精确，我们可以认为这种方法得出的体积与第一种方法的体积结果大同小异。

10. 微小的数量

下面我们用统计物理学的方法来讨论以上的事实与结论。将统计物理学应用到活细胞的观察，首先，在固体或液体里 300 埃仅有 100 或 150 个原子的距离。可以推测出一个基因包含的原子数量不会超过几百万个。按照统计物理学原理遗传一种有规律、有序的行为，这个数字也太小了。即使所有原子的作用都相同，就像它们在气体或液体中那样，这个数目还是小得可怜。而基因根本不可能是一滴均匀的液体，它很可能是一个巨大的蛋白质分子[1]，这个分子中的每一个原子、每一个自由基、每一个杂合子都各自发挥着不同的作用，与任何一个类似这样的原子都不相同。这是目前的遗传学权威霍尔顿和达林顿的意见，我们很快要着手进行验证这种意见的遗传学试验了。

---

[1] 基因是产生一条多肽链或携带有遗传信息的 DNA 或 RNA 序列，基因不是蛋白质。

11. 持久性

遗传性状的持久度怎样呢？携带这些遗传性状的物质结构是什么样的呢？

这些问题的答案很简单甚至不需要做专门的研究。存在遗传性状这个事实本身就表明不变性是持久、永恒的。我们可以肯定地说，父母遗传给后代的，并不是一些单独的、具有明显个人特征的性状，比如鹰钩鼻、短的手指、风湿病、色盲等。这些性状是我们在研究遗传规律时为了方便而归结起来的，遗传性状并不仅仅是个体明显的外在特征，更确切地说它是一种表型的综合，囊括了一个人的外表与体内的一切特性。这些特性通过遗传物质世代相传，始终保存完整，并未发生明显的改变。虽然不能说几万年不变，但至少在几个世纪内未曾改变。这些特性的载体是合成受精卵的两个细胞核，它们承载着遗传性状，一代代地传递下去。这真是个奇迹，然而人类的生命得以延续是依靠遗传的神奇作用，而我们运用掌握的知识对它进行观察研究，是一个更加伟大的奇迹。

第三章

突变

变幻中徘徊之物，将固定于永恒的思想中。

——歌德

1. 跳跃式的突变——自然选择的工作基础

我们之前举例论证了基因结构的持久性，但因为这些事实司空见惯反而削弱了它的说服力。需要特例来证明法则，如果子女同父母之间的相似性不出现反例的话，就不会出现那些揭示微观遗传机制的精彩实验了，更不会去探寻自然选择原理。

我将最后这个重要主题作为引子，来展现相关实验。在此我很抱歉地声明一下，我不是个生物学家。

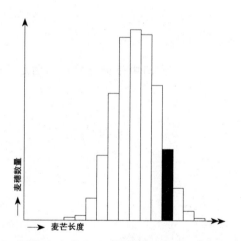

图 7　纯种大麦的麦芒长度统计图。深色部分的麦子会被选来播种。（图为示意所用，并非根据实验结果所制）

如今我们通过证明得知达尔文将最单一群体中出现的微小、连续、偶然的变异，包含在自然选择的事实中。这种看法是错误的，因为其中有些变异不是遗传。通过大麦实验可见一斑：测量一堆纯种大麦，根据测得的每一个麦穗长度的数据绘图，如图7所示。在这个图表中，纵轴代表每种长度的麦穗数量，横轴表示麦芒的长度。据我们的观察发现，麦穗中等长度占总体的多数，而麦芒无论长度增加或减少，麦穗的数量都会变少。然后我们挑选一组麦芒长度明显超出平均值的麦穗，取种子进行播种，然后统计新长出的麦穗。按照达尔文理论会得到一条最大值向右方偏移的曲线。也就是说，他认为通过选择可以增加麦芒的平均长度。如果是用真正纯种的大麦进行繁育，这种情况是不会发生的。对新选出的大麦经过播种收割后收集到的麦芒长度所制作的数据图可知，这个新的统计曲线跟第一条曲线是完全一样的。即使选麦芒特别短的麦穗做种子最后得到的曲线图也将与第一个图完全一样。因为细微的、连续的变异不是遗传的，所以对自然选择没有影响。显然这些变化不依赖遗传物质，它们是偶然出现的。可是在大约40年前，德弗里斯发现哪怕是完全纯种繁育出的后代里，也有极少数的个体，比方说几万分之二三出现了细微的、"跳跃式"的变化。这种"跳跃式"并不是说变化相当大，而是一种非连续的变化，在未变与少许改变之间没有中间形式的过渡，德弗里斯将其称之为突变。突变理论让物理学家想起了量子论——在两个相邻的能级之间没有中间能量级，因此物理学家把德弗里斯的突变论比作生物学的量子论。其实突变是由基因分子中的量子跃迁引起的。1902年，德弗里斯第一次发表了他的理论，而当时量子论仅仅问世两年之久。由新一代科学家去发现它们之间的密切联系实属正常。

2. 它们生育同样的后代，即它们是完美地遗传了

对于稳定持久的特性，突变是毫厘不爽地遗传下去的[①]。比如上面讲到的大麦，在第一次收获中会出现少量麦穗的麦芒长度大大超过了变异范围，甚至超过了图7的变异范围，比如说完全无芒。这种情况就是德弗里斯所讲的突变。它们的后代都没有麦芒，完全相同。

因此突变肯定是遗传机制中的一种变化，而且必须用遗传学的变化来解释才科学。事实上繁育实验的成果揭示了遗传机制的重大秘密。繁育实验都需要研究杂交后产生的后代，这些后代来自已经突变的个体和没有突变的个体或者具有多重突变的个体杂交而来。另外，因为突变也会产生纯合体，自然选择对它是有作用的。达尔文所说的"自然选择的原料"，在繁育过程中后代与祖先出现的相似中被证实。"优胜劣汰，适者生存"的法则在新物种的产生中发挥巨大作用。在达尔文的学说里，只需用"突变"取代"细微的偶

---

① 稳定遗传就是亲本自交，不出现性状分离，性状一定会遗传给子代。稳定遗传一般指的是纯合子，对于杂合子一般不成立。

然变异"即可，这是大多数生物学家所持的观点，达尔文学说的其他方面无须修正。

3. 基因的定位，隐性和显性

现在我们再简要地总结一下关于突变的其他基本事实和概念。我们还是采取缩略式的总结，不涉及它们是怎样通过一系列的实验数据推导出来的。

我们能够观察到一条染色体在某个明确区域内发生的一个突变。我们可以确认，与这一条染色体相比较，同源染色体的对应位置上并没有发生变化（如图8所示），其中 × 表示突变位置，这一点是很重要的。事实表明，当突变个体（即突变体）同一个未突变个体杂交时，只有一条染色体发生了变化，因为后代中正好有一半表现出突变体的性状，另一半则是正常的性状。这与预期的正好吻合，是突变体内的一组染色体进行减数分裂时两条染色体分离的结果。如图9所示，在谱系中，用一对染色体表示了三代的每个个体。假如个体突变体的两条染色体都发生突变，那么子代就会继承相同的遗传性，这种遗传性既不同于父亲也不同于母亲。

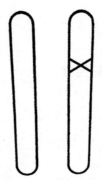

图8　突变体杂合子，叉号代表了突变基因。

　　然而，要在实验中证实这一点绝非易事。由于偶然的突变发生的时候并不明显，且突变经常是潜在的。这应当如何理解呢？

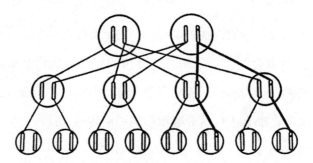

图9　突变的遗传。直线表示在两代中传递的染色体，其中双线代表变异的染色体。第三代中，没有被直线连接的染色体来自第二代的配偶（图中省略了）。这些配偶不是这个谱系的亲属，不包含变异。

在突变体里，两份"遗传密码"正本的副本不完全相同，也就是说发生突变的位置已经是两个不同的版本。于是人们把原始的译本看作是"正统的"，把突变体译本看作是"异端的"，这种观点是完全错误的。原则上它们具有同等权利，因为正常的突变性状也是来自突变的。

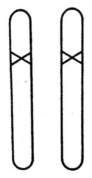

图 10 突变体纯合子。突变体杂合子（见图 8）通过自体受精，或者相互杂交，产生的后代中就有 1/4 是突变体纯合子。

在现实的遗传过程中，个体的模式在两个译本当中不是仿效这个便是仿效另一个。这些译本可以是正常的，也可以是突变的。二者之间被效仿的译本叫作显性，另一个版本叫作隐性。也就是说，根据突变是否会立即造成后代特征的改变可以把它们分成显性突变和隐性突变。

隐性突变通常比显性突变更常见，它们非常重要，虽然在开始发生的时候表现不明显。只有当两条染色体上同时出现隐性突变才会影响到模式的改变。两个相同的隐性突变相互杂交或同一个突变体与自身杂交，就会产生这样的个体。在雌雄同株的植物身上这种情况经常发生，甚至是自发产生的。我们如若仔细观察一下，就会发现这种情况下后代中大约 1/4 有这种隐性突变的模式。

4. 介绍几个术语

在开始前我们先介绍一些专业术语，以便更好地解释后面的问题。比如在讲遗传密码的版本——无论它是正本的译本、原始的译本或突变的译本，它们都叫"等位基因"。如图 8 所示，一对染色体密码的两个版本不同，相对于这个等位点而言个体是杂合的，反之两个版本是完全相同的，如图 9 所示，没有发生突变的个体就是纯合的。在纯合的时候，隐性的等位基因才会影响到模式，而一个显性的等位基因，不管他是纯合的还是杂合的，所产生的模式都是相同的。

对于白色而言，植物只要有颜色往往就是显性的。比如豌豆的两条染色体，只有遗传物质中存有"白色的等位基因"时，也就是在白色纯合的时候才会开白花。而后它所繁育出来的后代也全部是开白花的。当豌豆有一个红色"等位基因"时，豌豆就会开红花，有两个红色"等位基因"（纯合的），也是开红花。纯合的红色"等位基因"只产生开红花的后代，而杂合的红色"等位基因"产生的后代中会有开白花的,这两种情况的差别会在后代的遗传中才显露出来,只有纯合子的红色豌豆才能繁育出纯种的后代。

因此,两个外观上十分相似的个体,它们的遗传性却不相同。这个事实非常重要,故而必须严格地加以区别。遗传学家认为他们具有"相同的表现型",但是"遗传型"不同。因此我用专业术语简短地概括了前面几节的内容:

隐性等位基因仅影响基因型为纯合子的表现型。

我们在后面的章节中偶尔也会遇到这些术语,需要时我会重申它们的含义。

5. 近亲繁殖的有害效应

只要隐性突变个体是杂合的,那么自然的选择就对它们毫无影响。一般来说,即使是隐性突变,也往往是有害的,而自然选择一直没有消除它们,只因为它们是潜在的。有害突变长时间积累起来却不会立即造成危害。不幸的是,后代中的半数个体将会从亲代的遗传基因中获得这种有害突变。

对于人、家畜、家禽和其他有生命物种的体质来说,有害基因的遗传规律有着重要的应用。如图9所示,假定一个男人,比如我自己,带有一个杂合子的隐性有害突变。如前所述,隐性有害突变不会立即显出危害,因而在我身上它并没有明显表现出来。假设我的妻子不带有这种突变,我的子女中(图9第二排)也会有半数通过遗传基因获得这种杂合的有害突变。如果他们成年后也与不携带突变的伴侣结婚，那么我的孙儿女中将会有约 1/4 的人受到有害突变的影响。①

只有当两个同样携带突变的个体杂交，这种有害的危险才会明显表现出来。据前文所述，两个携带有害突变的个体杂交产生的后代中，仅有 1/4 是纯合的，危害才明显表现出来。除了自体受精——只有雌雄同株的植物才出现——以外，最大的危险来自于亲兄妹结婚。他们两人是否携带这种隐性危害的概率相等，而当他们结婚后产生的后代有 1/4 表现出伤害。所以乱伦生下来的孩子，其自身携带危险因子的概率是 1/16。

同理，假如一对夫妻的孙儿女，即嫡亲堂兄妹结婚所生下的后代会有 1:64 的概率显示出危害。这概率看起来似乎并不太大，所以在实际生活中往往可以允许。但是我们从研究分析结论看，一对祖代配偶中的一方存在携带潜在危害，会对后代产生严重危害；而实际中往往双方都藏有不止一个潜在危害。

假设你知道自己携带了一个隐性的有害基因，那么就可以据此推测出你的 8 个嫡亲堂兄弟姐妹中间，就有一个是携带这种缺陷的。从动植物的实验结果观察到，隐性的危害基因除了会导致出现一些严重的、

① 通常健康的人身上可能携带有几个到十几个有害的隐性等位基因。人类的核基因组一半来自父亲，一半来自母亲，在近亲结婚的情况下，两个相同有问题的基因结合的机会远远大于非近亲结婚的人。

比较少见的缺陷外，还存在许多较小的缺陷。在后代的繁育中，如果将这些大大小小的缺陷出现的概率加在一起，势必导致近亲繁殖的后代整体上出现危害性状的概率大大增加，甚至导致他们衰退恶化。既然我们拒绝使用斯巴达人通过用残暴的行径消灭弱者的方法来消除这些危害，我们就必须严肃地杜绝在人类身上发生此类事情。在现在的人类社会里，自然选择使最适者生存的法则被大大地减弱了，甚至向相反方向发展。在远古时代，战争也有选择出最适合生存部落的作用，而现代战争则无差别地使得无数健康的青年失去生命，这种反面效应远超古代战争在自然选择中起到的正面作用。

6. 一般的和历史的陈述

在杂合过程中，隐性等位基因完全被显性等位基因所掩盖，以至我们完全看不到任何效应。不过这个令人惊异的规律也有例外。例如：当纯合的白色金鱼草与纯合的深红色金鱼草杂交时，它们产生的直接后代都是中间型的粉红色，而不是预期的深红色。另一个例子是血型，血型的例子能同时显示出两个等位基因各自的影响，对我们来说有着更加重大的意义，有待我们进行深入了解。如果经过探讨最后能够弄清楚隐性基因有程度之分，且取决于我们用米检查"表现型"的实验的灵敏度，我对此一点都不感到惊讶。

在这里有必要谈谈遗传学的早期历史。在遗传学规律的发现方面，尤其是关于隐性基因和显性基因之间的区别，G.孟德尔（1822～1884），这位奥古斯丁教派的修道院长作出了巨大贡献。对突变和染色体一无所知的孟德尔在布隆修道院的花园中，播种豌豆来进行实验。他用几个不同品种的豌豆进行杂交实验，并观察它们各个后代的成长过程。这个实验是将自然界中现成的突变体当作实验的对象。1866 年，他将这次实验的结果发布在"布隆自然研究者协会"的会报上。当时的人们对这个修道士的实验和实验结果都不感兴趣。然而出人意料的是，孟德尔的实验成了 20 世纪一个全新的学科，实验的结论也成为了这门科学的明灯。他曾经发表过的论文也被埋没了，直到 1900 年，被三位科学家分别独立发现：柯林斯（柏林）、德弗里斯（阿姆斯特丹）和丘歇马克（维也纳），至此，他才被人们重新记起。

7. 突变作为偶然事件有其必要性

迄今为止，我们基本都将注意力集中在对有害突变的关注上。这种突变是普遍出现的，虽然我们也会遇到有益突变的情形。如果把自发突变看作是物种发展进化道路上的一小步，那么我们就会觉得它以偶然的形式、冒着可能存在有害因素被自动清除的风险而做出"尝试"。从这个结论中可以总结出非常重要的一点：突变要成为自然选择的材料，必须成为罕有的事件。如果突变是频繁发生的，就会使得个体内有更大概率出现多种突变，其中有害的突变数量总是远超有利突变。这就使得物种非但不能通过自然选择得到改良，反而因无法进化而消亡。从而我们彻底明白了基因的高度持久性导致的相对保守，是极为关键的。我们可以采用一个大型制造厂的生产线来做类比。当工厂为了提高产量而进行设备改造，这种设备需要进行尝试实验，直到确保可行才能投入到生产中去。当工作人员检测新设备时，要求除新机器以外其余设备保持不变，才能从结果中得到这项革新对产量有所提高的结论。

8.X 射线诱发的突变

我们现在来回顾一下遗传学的一系列精妙的研究。它们与我们的分析紧密相关。

后代中发生突变的比例就是所谓的突变率。突变率能够发生改变：如果用 X 射线或者 Y 射线照射后代，突变率会比自然突变率高出好几倍。通过这样的方式产生的突变，除了次数更多以外，与自然发生的突变是一样的。人们因此而产生了这样的想法：任意"自然"突变都可以通过 X 射线来诱发获得。在果蝇的众多繁育实验中，频繁地发生许多特殊的突变。如同第二章所述，我们已经在染色体相同位置上找到了这些突变，甚至还发现了所谓"等位基因"。可以这样理解，在染色体相同的位置上存在着未发生突变的正常遗传密码和更多其他"版本"的"密码"。也就是说在那个基因位置上存在多个选项。其中任何两个，同时出现的两条同源染色体相对应的基因位置上出现的关系就是："显性—隐性"。

从大量的 X 射线诱发突变的实验可以看出，每一个特殊突变体与正常的个体之间都有一个"X 射线系数"，能够使正常的个体转变为突变体，反之亦然，都有自己的 X 射线系数。这个系数是指，在子代出生以前用单位剂量的 X 射线照射亲体，由于辐射而产生突变的后代的百分比。

9. 第一法则：突变是个单一事件

决定诱发突变率的规律很简单，并极具启发性。我的依据是刊载在 1934 年的《生物学综述》第 6 卷上季莫费耶夫的报告。这篇报告在很大程度上是总结了作者自己的杰出工作。第一法则是：

突变率的增加量是严格地与射线剂量的增加成正比的，因此这种比例关系可以利用突变系数来表示。

简单的正比例关系对我们来说司空见惯，以至我们低估了这条简单规律背后的深远含义。为了帮助理解，可以看看这个例子，商品的单价同商品的数量之间不一定总成比例。平时在商店里你想买 6 个橘子，这时的价格是一个水平，但你最后想多买 6 个橘子时店主会以低于平时买 12 个橘子的价格给你。但是当货源不充足时，就可能发生价格上涨的相反情形。于是我们可以推断，在突变的情形中，如果一半剂量的辐射造成后代出现千分之一的突变，剩下没有发生突变的后代不会受到影响，它既不使之后的辐射更容易引发突变，也不使突变减少发生。若非如此，一半剂量的辐射就不会正好引起千分之一的后代发生突变。因此，突变没有积累效益，连续的小剂量辐射不会相互增强。突变是单一性事件，它是单个染色体受到辐射期间经历的事件，哪一类事件属于这样的单一性事件呢？

10. 第二法则：事件的局限性

第二法则就是：

从软的 X 射线到相当硬的 Y 射线，如果广泛地改变射线波长的性质，只要给予相等的辐射剂量，系数就一直保持不变。

我们用伦琴①单位来计算辐射量。选择适合的标准物质，将它置于和亲代接受辐射时的同一位置，照射相同的时长，通过单位体积中辐射所产生的离子总数来计算。

选择空气作为标准物质，因为有机组织含有的元素与空气具有相同的原子质量，同时也因为这样很方便。只要把空气的电力率，与生物组织和空气之间的密度比相乘，就能够得到组织内电离作用或相关过程的下限。

我们从这个定律中知道，生殖细胞中的某个"临界"体积内发生的电离作用是导致突变的单一性事件。那么这个临界体积有多大呢？可以根据测量到的突变率估算出答案。如果每立方厘米产生50000 个离子的剂量，那么使得任意一个配子在照射的区域内以

————————

① 伦琴是放射性物质产生照射量的单位（得名于德国物理学家威廉·伦琴。1 伦琴相当于在 1 立方厘米标准状况的空气中产生的正、负离子电荷各为 1 静电单位）。

特定的方式发生突变的概率是 1:1000，从而推算出临界体积只有 1/50000 立方厘米的 1/1000，即 1/50000000 立方厘米。这些数字仅用来例举，并不是计算得到的准确数值。真实的计算结果要参考德尔布吕克[①]所给的答案。它被发表在德尔布吕克、K.G. 季莫的一篇论文中。[②]这一问题后面两章内容的主要依据，就是这篇论文。

依照德尔布吕克的估算，临界体积大约为边长是 10 个平均原子的距离的立方体，其中包含大约 1000 个原子。简而言之，只要在距离染色体上某个特定的点周围不超过 10 个原子的距离发生了一次电离或激发，就有可能产生突变。我们现在来深入讨论这一点。

在铁摩菲也夫的报告中隐含着一个有价值的推论，虽然它与我们现在的研究并无实际关系。现代生活中我们无可避免地会接触到 X 射线辐射，例如：烧伤、X 射线引发癌、不孕不育等具有直接伤害的辐射。人们为了屏蔽它们，穿上铅围裙，使用铅屏障等作为防护，尤其对于长期操作 X 射线的医生和护士，一定要为他们提供专业的防护。我们能有意识地屏蔽掉这些显而易见的伤害，但生殖细胞可能还存在产生微小有害突变的间接危险。这种突变与因近亲繁殖的不良后果时所设想的突变一样有着巨大的杀伤力。毫不夸张地说，因为祖母长期担任护士而接触过 X 射线，那么表兄妹结婚产生

---

① Max Delbruck（1906~1981），德裔美籍生物学家，他是从物理学转向生物学的著名人物，他因发现病毒的复制机制和遗传结构，获得诺贝尔生理学或医学奖。同时获奖的还有美国生物学家阿尔弗雷德·赫希和萨尔瓦多·爱德华·鲁利亚。德尔布吕克是研究噬菌体（bacteriophages）的先驱。
② 《哥廷根科学协会生物学报道》第一卷，第 180 页，1935 年。

危害的可能性倍增。当然对单独的个体而言，不必为此担心，但是对于整个由个体组成的社会来说，这种潜在的有害突变会造成健康的损害，因此要避免不良隐性突变，充分地关注这个问题。

第四章

量子力学的证据

你的如同热火般飞腾的想象力，变成一个
印象，一个比喻。

——歌德

1. 经典物理学无法解释的持久性

在生物学家和物理学家的共同努力下，运用 X 射线的精密仪器（物理学家都知道，30 年前科学家运用这种仪器发现了晶体中的原子晶格结构），最近又成功地缩小了这个微观结构的体积，并且比起第二章所估计的数字还要低得多。现在有一个严肃的问题亟待解决：从统计物理学的观点看基因，基因结构所包含的原子量大约是 1000 个，甚至可能更少，令人震惊的是，它总是有规律地表现出持久不变的特性。这无疑是个奇迹，从统计物理学的角度，我们如何解释这两方面矛盾的事实呢？

下面我想把这种令人震惊的奇迹表达得更加清楚一些。哈布斯堡王朝的王室成员中，有一些人长着特别难看的畸形下唇（哈布斯堡嘴唇）。维也纳皇家科学院在王室的资助下，详细地研究了这种下唇的遗传。最后将附有完整的家族肖像的结论发表出来。科学家通过研究证明，这种特征是正常唇形的一个孟德尔式的"等位基因"。我们比较了 16 世纪这个家族中的某些成员和他们 19 世纪的子嗣的肖像，下巴和后代很相似，从而得出结论，这种造成外表特征异常的基因结构已经世代相传了几个世纪。在这几代人当中，虽然每一代的细胞分裂次数不多，但每一次细胞分裂都忠实地复制了这个基因。并且，据此我们完全可以肯定，决定这个基因结构所包含的原子数目很可能与X射线检测出的原子数目是同一个数量级的。在这个过程当中，这种基因始被维持在37摄氏度左右，却在几个世纪都未受热运动的干扰，从而完全地被继承下来。这一点我们又如何理解呢？

对19世纪末的物理学家来说，如果运用自然界的定律去解释这个问题根本是行不通的，而在统计力学知识的基础上有可能作出回答：这些物质结构只能是分子——原子的集合体。那个时代的化学家对分子已经有了广泛的了解，这些原子的集合体，具有高度的稳定性。虽然当时这种了解还停留在纯粹经验的层面上，因为事实上当时的化学家对分子的本质并不了解，使分子维持一定形状的、维持原子间相互作用的本质对人们来说都是个谜。基因由分子构成是正确的，但它只是凑巧将这种不知缘由的的生物学稳定性追溯到同样是谜的化学稳定性上，这样的结论并无实际价值。如果说这两种稳定性表面上具有相似的特性，是依据同原理的，那么只要这个原理是未被证实，那么证明也值得被怀疑。

2. 量子论可以解释

根据现在的理论来看，遗传机制是建立在量子论的基础之上的。

1900 年马克斯·普朗克[①]提出了量子理论性。而现代遗传学可以追溯到 1900 年，德佛里斯、柯灵斯和邱歇马克从孟德尔的论文中重新发现，以及从德弗里斯在 1901 至 1903 年发表的突变论文，才建立和开始的。因此，这两大理论几乎是在同一时期诞生的，之后它们都发展了一段时间，直到体系成熟后才互相发生联系。在量子论方面，经历了大约 1/4 个世纪以后，在 1926 至 1927 年间，W. 海特勒和 F. 伦敦才提出了化学键量子论的普遍原理。海特勒－伦敦理论涉及量子论最新、最精细的复杂概念（叫作"量子力学"或者"波动力学"）。如果我们不用微积分简直无法将这些理论阐述清楚。我们希望直接明了地指出"量子跃迁"和"突变"之间的联系，这正是下文要做到的。

3. 量子论－不连续状态－量子跃迁

量子论之前的流行观点使人们普遍认为自然界中除了连续性外，全都是荒谬的，直到在自然界中观察到不连续性现象，使人们开始正视不连续性的观点，这应该就是来自量子论的最大启示。

能量是一个最容易想到的例子。宏观物体在一定范围内会不断地发生能量改变，例如：一个运动中的钟摆，受到空气的阻力摆动逐渐缓慢下来。令人惊奇的是，与微观系统的行为在原子尺度上是

---

① Max Planck（1858~1947）：德国著名物理学家、量子力学的重要创始人之一。普朗克和爱因斯坦并称为 20 世纪最重要的两大物理学家。他因发现能量量子化，对物理学的又一次飞跃做出了重要贡献，在 1918 年荣获诺贝尔物理学奖。

不同的。至于其中的科学原理，我们不能一一说明，所以必须假定一个微小的系统本身就只能拥有不连续的能量，我们将这种不连续的能量称为能级。从一种不连续状态转变为另一种相反的状态，通常称之为"量子跃迁"。

但是，我们津津乐道的能量并非系统唯一的特征。在钟摆的例子中，想象一下从天花板上垂下的一根绳子上挂一个球，这个球能够向东西方向摆动，也可以向南北方向摆动，甚至可以做圆形或椭圆形的摆动。如果在球摆动时向这个球吹气，就会使它从一种运动状态转变到另一种状态。

对于微观系统来说，我们熟悉的这些特征或相似的特征绝大多数是不连续发生变化的。对此我们不能详细地讨论了，它们就像能量一样，是"量子化"的。

结果是许多个原子核，同围绕它们运动的电子互相吸引而组成一个小"系统"，这个系统的本质决定了它不能任意构建一种模型，但可以从大量的、不连续的状态系列中选取一种。这些特征都是围绕着能量的，我们通常把这些状态称为能级。如果要完整地描述这些状态，还需要能量以外的更多东西。因此，比较客观的结论是：在系统的全部微粒中，状态是一种稳定的构型。

量子跃迁就是从系统的一种构型转变为另一种构型。如果后一种构型能级较高，具有更强大的能量，要使能量转变成为可能，系统就要从外界获得这份能量———至少要相当于两个能级间的能量差额，才能发生跃迁。如果转变后的状态能量更低，跃迁也可能自动发生，多余的能量则通过辐射来消耗掉。

4. 分子

在一组选定原子的分离状态中，可能存在也可能不存在使它们的原子核彼此紧密靠拢的最低能级。正是这种状态下原子组成了分子。其中最重要的一点是，这个分子具有一定的稳定性，原子之间的相对位置一般不发生变化，除非外界能够提供与邻近较高能级间的能量差额才会改变。所以能级差的数值定量决定了分子的稳定性。由此可见，分子的稳定性和量子论的基础概念有着非常密切的联系。

请读者们注意，上面这些观点已被化学实验所证实。例如，用来解释化合价方面、分子结构和分子在不同温度下的稳定性等。这指的是海特勒－伦敦理论，我在前文中说过，因为文本的原因，我无法详细解释它们。

5. 温度影响分子的稳定性

接下来我们将考察不同温度下分子稳定性这个生物学中最有趣的问题。原子系统一开始处在最低能的状态，物理学家将这种状态下的原子系统称为绝对零度下的分子。如果要把这种最低能级状态提升到下一个较高能级的状态，就需要外界提供明确的能量。最简单的能量供应方法就是给分子加热。把这个分子放进一个高温环境（热浴）中，让周边别的分子和原子猛烈地撞击它。因为热运动具有的不规则性，不会出现一个立即跃进、截然分明的温度界限。更准确地说，在任何温度下分子都有机会出现跃进，只要不是绝对零度，这个概率的大小是随着环境温度而变化的。总体来说，把握这种机会的方法是"期望时间"——温度在得到提高之前所需要的平均时间。

根据 M. 波拉尼和 E. 韦格纳的研究[①]：期望时间主要取决于两种能量之间的比值。一种能量，是为了提高分子温度所需的能量的差额，用 W 来表示；[②]另一种能量是一定的温度下热运动的强度特性的量（记为 kT，T 代表绝对温度）。

通过实验发现，分子"跃进"所需的能量远远高于周围的平均热能，即 $W : kT$ 的比值较大，实现"跃进"的机会越小，期望时间就越长。当数值与平均热能相比产生很小的变化，即 $W : kT$ 的比值出现微小的变化，就会显著影响期望时间。举个来自德尔布吕克的例子，假设 W 是 kT 的 30 倍，期望时缩短到 0.1 秒；但当 W 是 kT 的 50 倍时，期望时间反而延长到 16 个月；而当 W 是 kT 的 60 倍时，期望时间变成了三万年。

---

① 《物理学杂志，化学（A）》第 439 页，1928 年。
② k 是有关于温度及能量的一个物理常数，叫玻耳兹曼常数。玻耳兹曼常数是热力学的一个基本常数，记为"k"，数值为：k=1.38066×10⁻²³J/K。

6. 数学插曲

对数学感兴趣的读者们可以借助数学语言来解释上述现象，期望时间对温度变化非常敏感，期望时间 t 依赖比值 W/kT，通过以下指数函数来影响 t：

公式：$t= \tau \, e/kT$

τ 是一个微小的常数，量级在 10^{-13} 或 10^{-14} 次方之间。这个特定的指数函数的出现并非偶然，它频繁出现在热的统计学理论中，构成了该理论的基石。可以用这个指数来衡量系统的某一部分，偶然地获得像 W 那么大的能量的很困难。将这种不可能发生的概率用一种数量化来表示，这个特定指数函数的意义就在于此。只有当 W 大大增加为"平均热能" kT 的多倍数，这种不可能性的概率才会倍增。

事实上，$W=30kT$ 这样的数值是极其罕见的。当然，它之所以没有导致很长的期望时间（我们的例子中只有 0.1 秒），是由于 τ 因子较小的缘故。τ 因子具有物理学意义，代表整个时间内在系统里发生的振动周期的数量级。你可以概括地将 τ 这个系数理解成积累目标能量 W 总数的机会，虽然它很小，但在每次振动中都出现，而每秒大约有 10^{13} 或 10^{14} 这样的振动。

7. 第一个修正

我们用上述理论解释分子稳定性的时候，得到一个结论：即使量子"跃进"不是导致分子完全解体的原因，也应该是使相同的原子构成本质上不同的构型的原因。这种不同构型化学家称之为同分异构分子，这些分子由相同原子按不同的排列所组成，但它们之间的原子排列方式不相同。

为了使这样的解释简单明了，便于了解，我要做两点修正。依照我在前文中所述，很容易造成这样的理解：一群原子在极低的能量状态下才会组成我们所说的分子，而前文讲到了如果在较高的状态时，已经变成"别的东西"即其他物质了。然而事实并非如此，因为在最低能级上面实际还存在着密密麻麻的许多能级，这些能级对整个分子构型的改变没有产生任何影响，它们只是与原子中间的那些微小的振动有一些关联而已。它们也是"量子化"的，但是从一个能级跃进到相邻能级的幅度相对较小，因此，在较低温度下微粒的撞击就可以激发振动。假如分子是一种延展的连续结构，就可以将振动假想成穿越分子而不会对分子造成任何伤害的高频声波。

由此看来第一个修正的意义并不大，能级里"振动的体系结构"并非关键。而必须将"相邻的较高能级"这个术语理解为：能使构型发生改变相对应的相邻的能级。

8. 第二个修正

第二个修正解释起来比第一项修正难度更大，因为它涉及各种能级间的一些重要而复杂的特性。即使满足了所需要的能量，两个能级之间能量相互交换的通道往往存在阻碍；甚至从较高状态向较低状态的通路也很有可能受到阻碍。

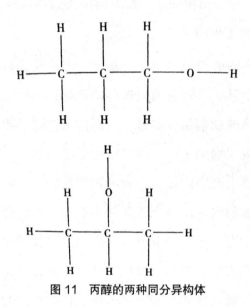

图 11　丙醇的两种同分异构体

　　要证明这个观点是对的，让我们从经验事实说起。化学家都知道，相同的原子团因为组合方式的不同，而形成不同的分子，我们把这种分子叫作同分异构体。同分异构体出现是有规律的，而非偶然现象。分子越大包含的同分异构体也就越多[1]。简单举个例子，有两种丙醇都是由同样的 3 个碳原子、8 个氢原子和 1 个氧原子组成。氧原子可以任意插入氢原子和碳原子之间，但只有出现图 11 的两种不同的情况才能形成真实存在的物质。事实的确如此，这两个分子

─────────

① 可以通俗地理解为分子之间的距离越大，分子之间的作用力就越小，所以越容易被破坏。

的物理性质和化学性质都完全不同，不仅如此，它们的能量也不同，具有"不同的能级"。

可以肯定的一点是，两个分子的状态是完全稳定的，就像总是处于"最低状态"，两个分子间不会自发地进行转换。

这是因为两种构型并不是相邻的，所以要通过转变成两者之间的中间构型才行。而中间构型的能量，比任何一个稳定分子的能量都要高。也就是说，要变换氢原子的位置，把它放到其他位置上，需要具备相当高能量的构型参与进来，否则这种转变是无法完成的。这种情况在图12中可以看出。图中1和2代表两个同分异构体，3代表它们之间的阈能，两个箭头则代表"提升"的能量，即从状态1转化到状态2，或者从状态2转化到状态3所需要的能量。

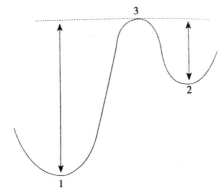

图12　处在同分异构体能级1和2之间的壁垒3，
　　　　箭头代表了跃迁需要的最低能量。

这类同分异构体是生物学应用中最有趣的一种变化，这就是我们提出的"第二项修正"了。在本章中解释"稳定性"时已经谈过。从一种相对稳定的分子结构转变为另一种结构，就是"量子跃迁"。从初始能量级上升到阈的能量差，并不是两个能级之间实际的能量差，而是一个相对值。

　　初态和终态之间如果没有阈的跃迁的介入，转变是毫无作用的。为什么这种转变对分子的化学稳定性毫无作用呢？它们对分子的化学稳定性没有任何作用，常不为人们所关注。由于没有任何物质阻碍，一旦能量较高的终态出现，就会立即退回初态了。

第五章

讨论和检验德尔布吕克模型

诚然，正如光明显出了它自身，也显出了黑暗一样，真理是它自身的标准，也是谬误的标准。

——斯宾诺莎《伦理学》第二部分，命题 43

1. 遗传物质的基本形态

这里存在的一个基本问题是：类似遗传物质等由少量原子组成的结构，能否长时间有效地抵御连续的热运动的干扰呢？假定基因是一个巨大的分子，原子的重新排列，使它发生不连续的变化，这种变化导致一种同分异构的分子的产生。原子的一种重新排列只影响到基因中的一小部分区域，而只有当大量原子重新排列，构型才会发生改变，不排除这种可能。和一个原子的平均热能相比，分隔基因分子的正常构型和它的所有的同分异构体的阈能很高，从而使得这种变化罕有发生。这种罕见的事件就是自发突变。

在本章的后半部分中，我将对基因和基因突变的通用理论与遗传性事实进行详细的比较。在这之前，我们谈谈这个理论的基础和普遍性质。

2. 图像的独特性

我们有必要在研究生物学问题中孜孜不倦、探寻其本质，并设想在量子力学中找到生物学问题的理论解释吗？基因是一个分子，这个结论已经成为共识。无论人们是否了解量子论，对这种论调都已司空见惯，连否认这种说法的生物学家都很少。在第四章中，我们冒昧地采用了量子论问世之前的一些物理学家的观点，以此作为分子不变性唯一可以接受的合理解释。接着我们又介绍了同分异构体、阈能及 $W:kT$ 的比值在同分异构跃进中的重要作用。所有这一切都不需要量子论的参与，而在纯粹经验的基础上更易推导出结论。在本书中想要将量子力学讲清楚，绝非易事，并且过多解读量子论可能使许多读者感到厌烦。既然如此，我为何还要这样努力地坚持量子力学的观点呢？

量子力学理论是第一个根据最优原理来阐述自然界中存在的所有原子团的理论方法，它的价值不言而喻。海特勒－伦敦键[①]是这个理论的一个独特的观点，然而最初不是为了用它来解释化学键的。它的诞生方式非常有趣但又令人费解，它根据全然不同的理由，使我们不得不接受。不管怎样，这个理论与观察到的科学事实非常吻合。因为对这个观点有充分的了解，我们可以肯定地说，在量子理论未来的发展中不可能再发生这样的事情了。

据此可以断言，遗传物质是分子无疑了。而物理学方面对遗传物质的稳定性也没有更好的解释，这就是我想说明的第一点。

---

① 1927 年德国物理学家 W.H.海特勒和 F.W.伦敦，用量子力学处理氢分子 H_2，解决了两个氢原子之间化学键的本质问题，这是近代价键理论的基础。在给出体系的哈密顿算符之后，选择体系的恰当的近似波函数，再用求平均值的公式计算出体系的能量。

3. 一些传统的错误概念

我们还存有疑问的是：除了分子以外，由原子构成的持久性结构就没有其他的了吗？例如，在坟墓里埋的一枚金币，经过一二千年，金币的人像不是依然存在吗？这枚金币的材质确实是大量原子构成的，但我们肯定不会把人物形象得以保存归因于数字理论方面的统计。同样的道理，对蕴藏在岩石里、经历过数个地质时代而完美生长的纯净晶体也同样适用。

这里刚好提出我要说明的第二点：分子、固体、晶体等物质不存在本质的差别，从现代科学知识的角度来看，它们是相同的。然而，学校的教科书所传播的知识过时已久，使人们对实际事态的认知模糊不清。

我们从学校书本中还学到有关分子的知识，分子与固态的相似度比起液态与气态更高。而教科书是在教我们区分物理变化和化学变化之间的差别；分子在熔化或蒸发这样的物理变化过程中一直是保持不变的。比如酒精不论是在固体、液体还是气体形态下，他们总是由相同的分子 C_2H_5OH 组成。而化学变化中酒精的燃烧，其中，1 个酒精分子与 3 个氧分子作用后，经过原子重新排列生成 2 个二氧化碳分子和 3 个水分子：

$$C_2H_5OH+3O_2=2CO_2+3H_2O$$

在学校里教科书的大部分内容是这样写的：它是一种周期性的

三维方向的重复晶格。有些晶体中的单个分子可以分辨出来，比如酒精和大部分有机化合物的晶体。而在其他的晶体中，比如氯化钠（食盐）中没法明确地区分单个氯化钠分子，因为每个钠原子周围都有 6 个氯原子对称地包围着。反之也是如此。因此不管选任何一对钠原子和氯原子作为氯化钠分子都是可以的。

除此之外，我们还知道，一个固体既可以是晶体，也可以不是晶体。假如固体不是晶体的，就叫作无定形的固体。

4. 物质不同的"态"

目前我们还没有深入探讨过上面的问题，但我对这些说法持否定态度。虽然它们在某些现实的应用过程中是可行的，但是不能在揭示物质结构的真实性上运用，我们就需要从另一个角度、从本质上区分物质结构的界限。两种方法的基本区别可以用等式的来表示：

分子 = 固体 = 晶体

气体 = 液体 = 无定形的固体

在这里我们要作几点简要的说明。所谓的无定形固体，要么不是真正的无定形，要么不是真正的固体。被称为无定形的木炭纤维在 X 射线下，却发现了石墨晶体的基本结构，所以木炭是固体，也是晶体。而那些我们没有观察到晶体结构的物质，不如暂且将它们看作是黏性极大的液体。这种没有固定熔点，熔化时也没有潜热的物质并不是一种真正的固体。通过加热它们，能使它们逐渐地变软，最后液化，中间不存在不连续性。（我记起有一件发生在第一次世界大战末期的事情，当时我们在维也纳，那里居住的人们给我们一样东西，用来代替日常饮用的咖啡。这种物质看起来像沥青，质地非常硬，但是上面会出现贝壳似的裂口，那时我们就用工具敲打贝壳状裂口，把整块打成这些碎片。然后将这些碎片放置几天后它们竟然变成了液体。假如你不慎把它们放在杯子里，过几天当它们变得像液体一样会牢牢粘在杯子底部。）

众所周知气体和液体具有连续性，任何一种气体在接近临界的时候液化，通过加热它使不连续性消失。

5. 真正重大的区别

这样一来除了主要的观点外，其他物态理论中的障碍都已被我们排除了。而这个主要观点，即我们想把一个分子看成是一种固体，也就是晶体。

不考虑原子的数量，直接将它们组成分子所需要的力，与把大量原子相互连接起来组成真正的固体的力在本质上是同一种。分子的结构稳定性同晶体一样。而这种分子的稳定性是基因持久性的基础。

在物质结构中，使它们真正产生重大差别的是原子与原子之间相互结合的力是不是那种具有稳固性的"海特勒－伦敦力"。在固体及分子中，原子都是这样结合的。但在单原子的气体中，例如水银蒸气中就不是那样了。在分子组成的气体当中，只有每个分子中的原子才是通过这种力结合在一起。

6. 非周期性固体

我们通常把一小分子称为"固体的胚芽"，这种小的固体胚芽可以建造出越来越大的聚合体。第一种建造方法比较乏味，就是一个正在生长中的晶体所遵循的方式：同一种结构在三个不同的方向上不断重复。一旦形成了稳定的周期后，这个集合体就没有明确的尺寸界限了。另一种方式不是这种一味的重复模式，集合体不断扩建，形成越来越复杂的有机分子。在这个复杂的分子中每一个原子和原子团都发挥着各自与其他部分完全不同的作用。这与周期性晶体的结构处处不同，我们将以这种方式扩大的集合体称为非周期性的晶体或固体。而且我们可以利用这些做出假设：基因甚至是整条染色体纤维，就是一种非周期性的固体。

7. 压缩在微型密码里的多样内容

在人们对遗传有一点了解之后，难免时常产生这样的疑惑：有机体发育的全部精细的密码正本，是以什么样的方式存在于受精卵这个微小的物质颗粒中的，它的结构究竟有何神奇之处呢？唯一可以想象到的物质结构，是把原子高度有序地聚集起来，这样才能拥有足够的抗性，有效地抵抗外在干扰，从而永久维持它固有的序，因此这种物质结构存在大量不同原子的可能排列——同分异构，这种结构可以在微小的空间中容纳一个复杂的"控制系统"。的确，在这种结构里原子的数额不大就可以衍生出无穷可能的排列组合。为了更好地解决这个问题，我们需要用到莫尔斯密码。莫尔斯密码只用点（"·"）、划（"–"）两种符号，通过这两种符号按照顺序进行组合，每一个组合用不超过 4 个符号就能演绎出 30 种不同的代号。如果我们假设莫尔斯密码有第 3 种符号，每一个组合只用少于 10 个符号，就能生成 88572 个不同的"字母"。而用 5 种符号，每一个组合不超过 25 个符号，竟然可以编出 37529846191405 个组合。

或许有人会认为这个比喻是不合理的。因为莫尔斯密码由不完全相同的字符类型组合而成，比如 ·–– 和 ··—，所以用它们和同分异构体做类比是不恰当的。为了改进这个问题，我们从第 3 种情况中挑出 25 个符号长度的组合，每个组合只有 5 种不同的符号，每种符号都有 5 个。粗略地计算了一下，组合共有 62330000000000 个，不用在意后边有几个零，它们只代表数量级。

在实际情况下，原子和原子团的每一种排列的改变不一定都能代表一种可能的分子，而且不是任意密码都会被选取，因为密码正本本身必须是引起发育的控制因素。上面所举的例子中选用了 25 个数字是非常小的，并且仅仅代表了一条直线上的简单排列。在基因分子的图像中，微型密码不仅毫厘不爽地对应着某个高度复杂的特定的发育蓝图，还包含了使密码起作用的程序。通过细致的了解，我们不再对基因分子能够包含复杂的微型密码而感到难以置信了。

8. 与事实作比较：稳定度；突变的不连续性

我们来比较一下生物学的事实与理论模型的不同之处。首先，我们要看理论能否真正准确描述我们观察到的基因的高度稳定性，所需阈值能量比平均热能 kT 高出数倍是否合理？有的问题很简单，甚至不用查数据表就能给出答案。为了分离某种物质的分子，化学家要使它的分子在一定温度下至少存活几分钟（这是保守估计，按照最低限度计算的，实际上它们的寿命会长得多）。正如第四章第 5 节中描述的那样，假如阈值产生一倍的变化，就已经使得分子的寿命从几分之一秒变成几万年了。通过这样的实验所得到的阈值正好是解释生物实验中生物学家研究持久性所需要的数量级。

我举个例子，以便后面参考之用。在第四章第 5 节中提到 W/kT 之比，当比值是 30、50、60，分别产生的寿命是 0.1 秒、16 个月、30,000 年。在室温下，对应的阈值是 0.9、1.5、1.8 电子伏。有必要在这里解释一下，对物理学家来说"电子伏"这个单位是很方便的，因为它很直观。比如，第 3 个数字是 1.8 电子伏，指的就是 1 个电子被大约 2 伏左右的电压加速，使它获得足够的能量，通过去碰撞分子而激发跃迁。

振动能的偶然涨落会引起分子局部区域的异构变化。我们从上文中得知这种情况很少见，可以将它理解成自发突变。我们已经用量子力学原理解释了关于突变最惊人的事实。突变是跳跃式的变化，不存在中间状态。正因为这个事实德佛里斯才第一次注意到了突变。

9. 自然选择基因的稳定性

当人们认识到任何一种电离射线都会增加自然突变率以后，会理所当然地推断土壤和空气中的放射性，以及宇宙射线都是造成自然突变的原因。但是做过 X 射线实验的人都知道，自然辐射太弱了，与 X 射线相比实在太少了。所以微弱的自然辐射只能用来解释自然突变情形中的一小部分。

如果采用热运动偶然的涨落来解释稀少的自然突变，我们将会对此释然。因为自然界对阈值所做的微妙选择，这种选择必定使突变的发生概率大大降低。正如前文所说，频繁的突变并不利于物种的进化。有些个体自身在突变中获得了不稳定的基因结构，并由于突变过分频繁而强烈使得后代的生存概率大大降低，反而会导致进化的停滞或倒退。于是这些物种会自动淘汰这些个体，而选择把稳定的基因保存下来。

10. 突变体的稳定性有时是较低的

通常我们在繁育试验中所选用的突变体，都是自身的稳定性很差的。以正常的野生型为例，它们有的还没有被"考验"过；有的因突变概率过高而被"考验"拒之门外；偶尔也会有已经通过了考验，却在野外繁殖的时候被"抛弃"了的。所以，有的突变体的突变概率很高，大大超出了正常的"野生"型，对此我们也就不再感到奇怪了。

11. 不稳定基因受温度的影响小于稳定基因

我们现在来检验突变概率的公式：

$$\tau = T e^{W/kT} \text{（公式 1）}$$

（t 是阈能 W 的突变的期待时间）。那么随着温度的不断改变，t 会发生什么变化？从上面的公式即可得到近似值，在温度 T+10 下，t 的比值大约为：

$$\frac{\tau_{T+10}}{\tau_T} = e^{-10W/kT^2} \text{（公式 2）}$$

从比值可见指数是负数，比值就会小于 1。当温度升高时，期待时间就减少，而突变可能提升了。我们可以对照果蝇的耐受温度实验。实验的结果初看起来是出人意料的，野生型基因较低的突变率随着温度的升高而显著提高，可是那些已经突变了的基因结果却不同，它们本身那较高的突变概率并未继续增高。我们参照上面的两个公式，即可预料到这种结果。根据第一个公式可知道，若想增加 t 的值，就要增大 $W:kT$ 的值。而根据第二个公式，$W:kT$ 的值增大了，那么就会导致结果的比值减小。也就是说突变的概率会随着温度的升高而显著提高。这个比值在 1/2 到 1/5 之间，从而我们得到了野生型基因的突变可能性会随着温度的上升而显著提高这个结论。

12.X 射线是如何诱发突变的

现在来探究一下 X 射线诱发的突变率，我们已经从繁育试验得到了结论：第一，突变率与辐射量成正比，一些单一性事件引起了突变。第二，突变率取决于电离密度的累计，与波长无关。那么我们推断，单一性事件一定是一个电离作用或类似电离过程所导致的。它的发生必须是在一个狭小的空间内，才能引发一个特定突变，这个空间是大约边长为10 个原子距离的立方体。根据推断得知，克服阈能的能量一般是由类似于爆炸大电离或激发过程供给的。这个类似的爆炸过程需要消耗 30 电子伏的能量。这个数字是相当大的。这导致放电点周围的热运动增加剧烈，并且以原子剧烈震动的热波形式散发出来，这种热波依然有一二个电子伏的阈能，可以供给大约 10 个原子距离的平均"作用范围"。这些数据都可以通过测量得到，而一位细致的物理学家能测的结果是更小的热运动作用范围。在通常情况下，爆炸的效应不是普通的同分异构化，而仅是对染色体的损伤。在杂交实验过程中，未受损的染色体被基因是病态损伤的染色体替换，那么这时的跃进是致命的。所有这些结论都是可以预测到的，也是实验中能够观察到的。

13.X 射线导致的突变率不依赖自发的突变率

我们的图像不能预测其他的特性，也能使其他的特性更容易理解一些。例如，一个不稳定的突变体的 X 射线突变率，和稳定突变体的突变率比，结果并不会低于后者。如果爆炸释放出 30 电子伏的能量，不管需要的阈能是 1 电子伏还是 3 电子伏，最终的效果并没有什么大的区别。

14. 可逆突变

通常，我们从两个方面来研究跃迁，比如从某个特定的突变体变成一种"野生"型基因，再从"野生"型基因变回那个突变体。有时这两种情况下的自然突变率几乎是相同的，有时却相差很大。初看这个问题令人难以理解，因为这两种情况下需要的阈能几乎是相同的。但事实刚好与我们的推测相反。因为必须根据开始时的构型的能级算起，而野生基因和突变基因的能级可能是不同的。（图片 12 中的"1"可以表示野生等位基因，"2"可以表示突变基因。短箭头表示突变基因较低的稳定性）。

总而言之，德尔布吕克的模型经得起检验，因此有必要在以后的深入研究中使用这个模型。

第六章

有序，无序和熵

:

身体不能决定意识，意识也不能决定身体运动、静止或进行其他活动。

——斯宾诺莎《伦理学》第三部分，命题 2

1. 模型中得出的一个值得注意的普遍结论

在此我引用第五章第 7 节的最后一段话："在基因分子的图像中，微型密码不仅毫厘不爽地对应着某个高度复杂的特定的发育蓝图，还包含了使密码起作用的程序。"它是如何使密码起作用的？根据基因的分子图像，如何做到这一点的呢？

虽然德尔布吕克的分子模型是通用模型，具有普遍性，但是它并未告诉我们遗传物质是怎样起作用的。坦率而言，我不指望物理学能给这个问题提供详细有用的信息。但是我相信，在生理学和遗传学指导下，生物化学对这个问题的研究能够持续取得进展。

在上文中我们对遗传物质结构只做了简单的叙述，显然并未揭示遗传机制的功能。然而从这里我们却可以得出一个普遍的结论，它就是我写这本书的初衷。

根据德尔布吕克的遗传物质普遍图像可知，生命物质遵循已经建立的"物理定律"的同时，很可能还遵循着一些我们尚未发现的"物理定律"。只是现在的科技水平对此还没有结论。不过这些定律一旦被发现，将和以前发现的定律一样，成为这门科学的重要组成部分。

2. 秩序基础上的有序

这个结论引发了一系列误解，需要在此澄清：

我们在第一章里已作了说明，现在我们所知道的物理学定律都是统计学定律①，事物走向无序状态的自然倾向与这些定律密切相关。

然而，我们只能通过一种"虚构的分子"来避免无序的倾向，从而使遗传物质的高度持久性与它的微小体积协调。事实上，这种很大的分子是高度分化的有序性的产物，还拥有量子论的魔法保护。机遇的法则并未因这种"虚构分子"而失效，但是修正了它们最终的结果。物理学家早已知晓，在温度极低的情况下，物理学的经典定律已经被量子论修改了。这样的例子比比皆是，而生命现象就是其中一个令人震惊的例子。生命中完美演绎着物质的有序和有规律的行为，因为生命始终是部分地保持着现存的秩序，而不是直接从有序向无序的转变。

生物有机体是一个宏观系统，与热力学相对立，其中一部分行为纯粹是机械运动；当温度接近绝对零度，且分子的无序状态消失时，所有的系统都趋向进行机械运动。我希望这个观点对于物理学家来说是表达得更清楚了。

假如你不是物理学家，你通常会认为物理学定律精确而不可侵

---

① 对于全面概括"物理学定律"有一定的挑战。我们将在第七章进行探讨。

犯。所以你难以相信，被作为高度精确典范的物理学定律是以物质走向无序状态的统计学为基础的。在第一章里我举过一个例子，谈到的普遍原理就是著名的热力学第二定律（熵原理）以及与它一样著名的统计学基础。在本章的 3 到 7 节里，我将抛开染色体和遗传等已知的相关知识，探讨熵原理对生物的宏观行为的意义。

3. 生命物质避免了向平衡的衰退

生命的特征是什么？如何判断某种物质是有生命的呢？答案显而易见，当它在"持续做某些事情""继续运动""在与环境进行交互"等等行为，且这些行为维持的时间比无生命物质在相似情况下持续得更久。当一个无生命的系统被分离出来，或被放置在一个均匀的环境中时，它所有的运动均因周围各种摩擦阻力而很快停止了；电势或化学势的差别也消失了，形成化合物倾向的物质也会这样，温度由于热的传导作用，会变得均匀。而后整个系统开始衰退，最终退化或了无生气的一块物质。于是从此将始终保持这种永恒不变的状态，它的内部再不会出现能够观察到的事件，这就是物理学家将称之为的热力学平衡或"最大的熵"。

在实际观测中，这种状态是经常出现的。但就理论上而言，这种状态还不是绝对的平衡，或者说还不是熵真正的最大值。要达到这个最后的平衡还需要经历一个十分缓慢的过程，可能是几个小时、几年、几个世纪……举一个较快接近平衡的例子：在一只玻璃中盛满清水，在另一只玻璃杯盛满糖水，将两个杯子同时放进一个封闭的、恒温的箱子里。刚开始似乎没有发生任何事，就好像人们印象中那样是完全平衡的。然而，仅仅过一天，就能观察到清水在蒸气压较高的环境中已经慢慢地蒸发出来了，不断地积聚在糖溶液上，导致盛满糖溶液的杯子越来越满，最后糖溶液溢了出来。只有当清水完全蒸发掉以后，糖溶液才能均匀地分布在水中。

这个例子展示了平衡趋近的过程，它可能是非常缓慢的，但千万不要将其误认为是生命活动。仅是为了避免别人指责我说的不够准确，所以我才在这里提示一下，事实上我们完全可以不必理会它。

4. 以"负熵"为生

在人类思想的早期，人们曾认为有某种特殊的非物质的力或某种超自然的力（活力，"隐德莱希"[①]），使一个有机体避免快速衰退带来的惰性"平衡状态"，现在这种主张依然有人认同。

具有生命的有机体是如何避免衰退到平衡的呢？毫无疑问是靠吃喝、呼吸和运动，用生物学上的专业术语来说就是"新陈代谢"。这个词来源于希腊文，意思是变换或交换。那么，交换的是什么呢？因为在德文中交换的意思主要指的是物质的交换，所以这个词最初的意思也是指物质的交换。将物质的交换当作新陈代谢的本质，这

---

① 隐德莱希：作为表达现实的哲学范畴使用，亚里士多德用潜能和现实来说明世界的生成变化。

种认知是错误的。既然生物体的任何一个原子与环境中的同类别的原子完全相同，那么交换它们有什么意义呢？后来曾经有人认为，我们是依赖能量生存的。这个答案使得我们的好奇心得到了暂时的满足。在德国、美国等发达国家的饭店里，菜单不仅标明了价格，还在每道菜的后面标注了这道菜所含的能量。这简直荒唐无比。如果一个成年有机体所含的能量与所含的物质都是固定不变的，那么这个有机体进行如此单纯的交换的目的何在呢？能够产生什么好处呢？如此看来，纯粹的交换根本没有作用，能量说也是荒谬的。

我们的食物里究竟含有哪些宝贵的物质可以使得我们免于死亡呢？显而易见的是，自然界中每个事件的进程、变化和突发状况等等，无论怎样定义，其中的与之对应的那部分熵在增加。因此，一个生命有机体那部分世界的熵无时无刻不在持续增加，而所有生命有机体的熵都是这样持续增加的，并接近最大值的熵。这种危险状态即死亡。想要保持生命的状态就要摆脱死亡，唯一的办法就是从环境里持续不断地汲取负熵。下文中会说明负熵是对生命有益的物质，有机体就是依靠它来维持生命的。总的来说，在有机体存活期间持续消除生命不断产生的熵，这才是新陈代谢的本质。

5. 熵是什么

熵是什么？首先我要强调这是一个可以进行计算的物理学的量，而非一个模糊的概念。例如，一根棍棒的长度，某个物体增加的温度，某种晶体的熔化热，以及物体的比热等。任何一种物体的熵在温度处于绝对零度时（大约在 -273℃）等于零。通过可逆、迟缓而细微的变化，物质改变了状态，其中包括分裂成两个或两个以上物理或化学性质不同的部分，抑或改变了物质的物理或化学性质，此时熵增加量可以这样计算：在进行的过程中的每一小步，物质都要通过吸收热量使变化继续下去。所以用系统吸收的热量除以吸收热量时的绝对温度，最后将每一步的结果相加就能得到期待的结果。

熔化热 ÷ 熔点温度 = 熵的增加量

我们不妨来举个例子：熔解一种固体，用它熔化时所需的热量除以熔点温度就是它的熵增加量，从这个计算公式可以看出熵的单位是卡 / 摄氏度。

6. 熵的统计学意义

通过简单地讨论熵这个专业术语的定义后，读者对熵已经有了一定的认知，基本上扫清了最初笼罩在头上的疑云。但是我们要讨论的目的并不在这里，对我们来说有序和无序的统计学概念的意义，以及熵与序之间的关系更为重要。所幸玻耳兹曼和吉布斯在统计学研究中已经用一种精确的定量公式表达了它们的关系，如下：

熵 $=k \ln D$

k 是玻耳兹曼常数（k=1.3806488×10^{-23}J/K），D 是所讨论相关物质的原子无序状态的定量量度。想用简短的非专业的术语将 D

的准确量度解释清楚基本是不可能的。它包含了两种无序：一种是热运动的无序，另一种是不同原子或分子的无规律随机混合。前面所举的例子中的糖和水分子的混合就是第二种无序。这个例子完美地诠释了玻耳兹曼公式。伴随糖在水中缓慢散开，系统的无序性 D 也随之增加。因此熵也增加了。同理，在热运动过程中假如得到了额外的热补充，那么就会导致这个热运动的混乱性增加，即 D 增加了，从而熵也随之增加。是什么原因导致这种情况出现的呢？或许下面的例子能够帮助增强理解。当你熔化一种晶体时，原子或分子原先的有序排列被打破了，从而将原来那种持久不变的状态变成了随机分布的一种连续变化。

一个孤立的系统，或一个在均匀环境里的系统，它们的熵都在不断增加，因此它会越来越接近最大的熵的惰性状态。确切地说，这个物理学的基本定律是事物的一种必然的自然倾向。如若我们事先不做任何预防，会导致这个倾向完全不能减缓及避免。就像人们阅读书架上的书，只不断取下而懒于放回的结果那样。

7. 从环境中抽取"序"以维持组织

一个生命有机体能够通过抑制这种趋向热力学平衡（死亡）的衰退，令人惊叹的是，我们可以用统计学来展示这种能力的大小。从前文中我们已经知道了生命是"以负熵为生"的，即生命有机体会借助外界的负熵来消除它不断产生的熵的量。

假设 D 是无序性的度量，那么它的倒数 1/D 就是一个有序的度量。因为 1/D 的对数恰好是 D 的负对数，所以玻耳兹曼方程式可以写成：

负熵 =kln（1/D）

假如你感觉负熵这种公式表达不顺口，我们可以将它陈述为：带负号带"熵"是一个有序的度量。因此，我们即知一个具有生命的有机体，必须不断从外界环境中吸取这样的序，以使自身维持在一个有序的状态上，反过来即保持在一个熵相对较低的状态。这个结论初看起来较公式更合理，但它很可能会由于缺乏严谨的推导而遭到责难。众所周知，高等动物更加需要汲取序，因为它们的生命完全是依赖这种新陈代谢的。高等动物选择食用的不同复杂程度的有机体状态是极其有序的。它们食用后排泄出来的物质被大大降解了，但还不是被彻底地降解，其中还包含有一定量的序。因此植物还能从是取得负熵，获得营养。

8. 对第六章所做的注

我对负熵的论述曾经一度遭到物理学界的质疑和反对。首先我要说明的是，如果我想迎合他们的意思，就应该把这个概念替换成自由能。了解这个术语的人更多，但是它与能量的含义太接近了，以至普通读者很难区分开来。对于读者而言，自由更像是某种修辞，在其中起不到该有的作用。而事实上自由能这个概念远比读者想象得复杂。由此可见，玻耳兹曼的有序—无序原理不见得比熵和负熵这个概念更易于表达。负熵并非我的创造，它来自玻耳兹曼的论证。

但是，F.西蒙曾非常中肯地向我指出，其中存在一个简单的热力学问题是没法解释的：为什么人类要生存就必须食用由"复杂的有机物组成的非常有序"的食物，而不能吃木炭或钻石矿浆存活？他是正确的。不过我必须向普通读者解释一下，一块尚未燃烧的木炭或者钻石，连同燃烧需要的氧气，在物理学家的眼中同样处于非常有序的状态。这一点是可以证明的：燃烧的反应过程之中木炭产生了大量的热，将热散发到四周后，燃烧增加的熵就除去了，由此变成了一个和燃烧前熵基本相等的状态。

然而，人们不能通过食用燃烧的二氧化碳生存。因此，西蒙所提问题到正确性显而易见，食物中包含的能量成分非常重要，因此我不应嘲笑那个餐厅菜单中列出能量的做法。我们的身体在运动中消耗的机械能，在环境中不断散发的热量，就意味着我们需要持续不断地补充能量。向环境散发热这种行为是人类生存必不可少的，所以不是偶然的。人类正是通过这种方式来减少和消除生命活动中持续不断产生的多余的熵。

这个说法看似可以推断为温血动物因体温相对较高，具备更快排出熵的优势，因此能够从事更剧烈的生命活动。这个论断的正确率如何难以举证。反对派可以从相反的角度来驳斥它，那些皮毛厚实、羽毛丰满的温血动物的存在恰恰在证明此举是防止热量过快流失。体温和生命的剧烈程度两者之间有某种关联，从范特荷甫定律可见一斑。在第五章第 11 节末尾我们提到加热会提高生物体内的化学反应速度，环境的温度对动物的体温有一定的影响，而这方面的实验证明结果确实如此。

第七章

生命是以物理学定律为基础的吗

如果一个人从不自相矛盾，一定是因为他从来
什么也不说。

——乌纳穆诺

1. 有机体中很可能存在新的定律

据前面所谈，尤其是关于生命物质的结构，我将在最后这章中进行阐述，生命物质结构的活动方式无法用物理学的普遍定律来解释。这不是因为生命有机体内那单个原子的行为之外，还存在什么"神秘力量"，只是因为生命有机体的构造与物理学实验室中被科学家试验过的任何物质都大相径庭。简而言之，一位熟悉热引擎的工程师在检查完一台电动机后，会发现这个电动机是按照某种工作原理进行的，这些原理他不了解。在这个机器上，平常制锅用的铜被制成了铜丝，并被打成一匝线圈；平常熟悉的制锅汽缸与杠杆的铁嵌在那些铜线圈里面。但是有一点他是对的，铜和铁还是同样的铜和铁，所以必然会遵照同样的法则。电动机因为构造不同产生了截然不同的工作方式。虽然电动机不是用蒸汽来推动的，只需要按一下电钮开关就运转起来，他也不会认为是幽灵操纵了电动机。

2. 生物学状况的评述

有机体在生命周期里发生的事件，展示出一种美妙的规律性和秩序性，这是任何一种生命物质都无法企及的。一种高度有序的原子团控制着生命有机体，虽然在每个细胞的原子总数里，这种原子团所占的比例非常小。据我们对突变的了解，可以断定，只要生殖细胞那些"支配性原子"发生少量的原子位移，就会使整个有机体的宏观遗传性状发生明显的变化。

当代科学研究热门的事莫过于此。人们逐渐发现它们是可以接受的。一个有机体为了避免向原子混沌地衰退，而在它自身上集中了"秩序流"。这种从合适的环境里"汲取序"的惊人天赋或许与"非周期性固体"的染色体分子密切相关。毫无疑问，目前我们所知道的最高级的、有序的原子集合体，就是这种固体，它比周围的周期性晶体有更高级的序，这是因为它的每个原子核和基团都在内部各自发挥着作用。

简单地说，现存的秩序已展示出维持自身和产生有序事件的能力。这种说法听上去很有道理的原因是：社会组织的经验和有机体活动的其他事件的经验，为我们的论证提供了有力事实。

3. 物理学状况的概述

总而言之，这件事对物理学家来说是合理的，让他们备受鼓舞，主要是因为它是首次出现，且是令人新奇的。与一般看法不同的是，事件有规律的进程，体现了物理学定律，但不是原子高度有序的构型产生的结果。像这种原子高度有序的构型，在周期性晶体里、在由大量相同分子组成的液体或气体里经常出现。

当化学家进行一种离体处理时，也会碰到大量复杂的分子。他运用现有的化学定律来研究这些分子，例如：在实验中有50%的分子1分钟后起反应，75%的分子2分钟后起反应。假如一位化学家为了研究某个分子的进程而对其进行紧密追踪，他也很难预测到这个分子是在起反应的分子中间，还是在没有起反应的分子中间，因为这纯粹是个机遇问题。

显然，这不是一种纯理论性的推测，不可否认，我们能够观察到原子团和单个原子的运动规律。有时我们可以观察到单个原子或原子团无规律的图像，除非采用平均的方法才能发现它们存在规律性。我在第一章中曾举过一个例子：一颗悬浮在液体中的微粒所进行的布朗运动是不规则的，但是假如液体中还有许多这样的微粒，我们就能够通过不规则的运动发现有规则的扩散现象。

单个放射性原子的蜕变发射出一颗"子弹"在荧光屏上就会产生一次可见的闪烁，可见它的蜕变能够被观察到。可是，你得到了一个单个放射性原子，也无法预测它的寿命，因为它的寿命要比一只麻雀短得多。所以关于这个问题只能这样来描述：只要它活着，那么它在下1秒钟里毁灭的概率总是相同的，不存在概率大小的问题。单个放射性原子失去了个体决定性，但放射性元素衰变的精确规律还适用于大多数同类放射性原子。

4. 明显的对比

在生物学中，我们必须要面对一种完全不同的情况。仅存于一份拷贝中的单个原子团产生了一些有序事件，可以观察个体发育的最初阶段。这些有序事件遵从微妙的法则，同环境之间做出奇异的调整。之所以仅在一个拷贝中，是因为还有卵子和单细胞有机体的例子。在高等生物发育的后期，拷贝的数量也随之增多，然而我们对增加的程度并不了解。我们知道在成年哺乳动物中，有的可以达到 10^{14}。相当于一立方英寸空气中分子数目的百万分之一。虽然数量庞大，但是最后聚集起来时，却是一小滴液体。从它们实际分布的方式可见一斑，每一个细胞恰好都包含了这些拷贝中的一个。因此我们知道：这个小小中央机关的权力存在于这一个个孤立的细胞里。每个细胞就像遍布全身的地方政府的分支机构，它们之间通过共同密码的使用互通消息。

这是个令人难以置信的奇迹，更像是诗人的手笔，而不是科学家的发现。这个事件只需要用明确而严谨的科学态度去认识，而不需要诗人发挥想象力。可以说，这个指挥所有事件有秩序地、有规则地展开的机制，与物理学的"概率机制"是截然不同的。一份拷贝中的单个原子集合体之中存在指导细胞运行的规则，所有井然有序的运行都从这里开始。这是我们通过观察得到的事实。对我们来说，微小原子团因高效的组织化而能以这样的方式发挥作用，是一件令人惊异的事情，这是生命物质之外从未发生过的情况。对于研究无生命物质的物理学家和化学家而言，从来没有遇到过需要用这种方式进行解释的现象，我们的统计学理论也正是因为这个原因，并没有涉及过它。现在的统计学理论值得骄傲的是，它使我们看到了幕后的东西，从原子和分子无序中推导出严格有序的物理学定律，并通过它我们推导出了最为重要及普遍的熵增加的定律而不需要特殊的假设，因为熵不过是分子自身的无序性而已，并非别的东西。

5. 产生有序的两种方式

秩序性在生命的发展中有着不同的来源。有序事件产生有两种不同的"机制"，即统计学上"有序来自无序"的机制，和"有序来自有序"的一种新机制。对于公正判断的人而言，第二个原理看起来简单得多，也更加合理。确实如此。正因为这样，所以物理学家才会那么自豪地赞成第二种机制，即"有序来自无序"的理论。

大自然实际上就是遵循这个原理，而且只有这个原理能使我们理解自然界事件的长期发展。首先要理解的就是自然界事件的长期发展的不可逆性，但我们不能将据此所得的"物理学定律"直接用于解释生命物质的行为，因为这些生命物质的行为有个最惊人的特点：明显地表现出是基于"有序来自有序"原理的。你不能指望从两种截然不同的机制得到同样的定律，正如你不能指望用你的弹簧锁钥匙开启你邻居的门。

我们没有必要因为物理学定律无法阐释生命现象而感到懊恼，因为据我们对生命物质结构的了解，这是预料中的事。我们决定继续探索生命物质中占支配地位的新的物理学定律，并将之称为一种超物理学定律，而不是非物理学定律。

6. 新原理并没有违背物理学

事实上我并不这样想，因为我们所谈到的这个物理学新原理，只不过是量子论原理的再次重复，而不是别的原理。为此我们要进行详细的说明，对前面所有以统计学为基础做出的物理学定律的论断进行推敲，而非修正。

这个不断重复的论断，会不可避免地引起矛盾。的确，很多现象的显著特点是鲜明地直接以"有序来自有序"的原理为基础的，这与统计学和分子的无序似乎毫无关系。

太阳系的规律，行星的运动，像是无休止地周而复始的。此时所见的星座与古老的金字塔时代的星座一脉相承；可以通过今天所观测的星座追溯那时的星座，反过来亦是如此。现在对日食和月食的观测与历史上的记载几乎完全吻合，有时甚至会用这些数据来校正公认的年表。这些预测并没有用统计学，唯一的依据是牛顿的万有引力定律。

可以说纯粹机械的事件，看起来都直接而明显地遵守"有序来自有序"的原理，就像一台性能良好的时钟，抑或任何类似的机械装置的有规则运动，似乎都与统计学无关。众所周知，有一种以电站有规则地输送电脉冲来运转的时钟，是很实用的，普遍意义上谈到"机械的"，是就从广义范围内使用这个词。

有一篇马克斯·普朗克所写的名为《动力学型和统计学型的定律》的文章，这文章很有意思。动力学型和统计学型的区别，恰好就是我们所探讨的"有序来自有序"和"有序来自无序"的区别。

那篇文章主要阐述的是：控制微观事件——控制单原子和单分子的相互作用的"动力学"定律，组成了控制宏观事件的统计学型的定律。而行星或时钟的运动属于宏观的机械现象，则说明了另一种类型的定律。

由此可见，对物理学来说，被我们当作了解生命真正线索的"新原理"——"有序来自有序"的原理，根本不是什么新生事物。普朗克甚至准备论证它的优先权，纯粹机械论是了解生命的线索的基础，即普朗克文章所说的"钟表装置"的基础。我们从中得到的结论着实可笑，虽然可笑，但它也不是完全错误的，只是我们能都相信。

7. 钟的运动

我们精确地分析了一台钟的运动后发现，它并不是一种纯粹机械的现象：一台钟如果是在进行纯粹的机械运动，它就不需要发条，只要它开始运动，这种运动就会一直持续下去。然而，事实上如果不给钟表上发条，它会在摆动几次后慢慢停下来，而这时的机械能转化成了热能。

这个原子过程无比复杂。

既然物理学家提出了这种运动的一般图景，那么使他们认同与此相反的情况是很难的。一台钟没有发条，却能通过消耗齿轮产生的热能和环境的热能突然动起来。物理学家很可能会提出，只要时钟进行过布朗运动的一次很灵巧的扭力天平（静电计或电流计），它才会持续运动下去，然而这是完全不可能的。

时钟的运动是否属于动力学型或统计学型的合理事件（用普朗克的说明），这由我们的立场决定。将注意力集中在有规律的运动上，我们称之为一种动力学现象。一根松弛的发条都能够产生这种运动，但我们可以对它产生的热能忽略不计，因为热能微小。但是如果没有发条，时钟会因摆动中产生的摩擦阻力渐渐地停摆，我们将这种过程理解为一种统计学的现象。

然而，一种实用主义的观点认为，时钟的摩擦效应和热效应无足轻重。第二种看法更加朴素，由于它们重视这些效应，甚至对上发条才能做有规则运动的时钟也保持这种看法，这取决于认定开动的机制也是统计学范畴以内的。

也就是说在真实的物理实验中发生了这样的情况：一台运行正常的时钟，通过消耗环境中的热能将运动都逆转过去，甚至发生向后倒退的工作，并再次上紧自己的发条。发生这种事件的可能性与缺少发动装置的时钟的"布朗运动大发作"对比，恰巧"半斤八两"。

8. 钟表装置的原理也属于统计学范畴

现在我们来归结一下，之前我们做过分析的"简洁"例子，代表了其他的例子，其实是代表所有的，甚至在分子统计学案例之外的例子。由物质材料（并非虚构的东西）所组装起来的钟表，并不仅仅是"钟表机械"，它还存在一些其他的可能性，比如虽然这个钟表走错的概率极小，但确实存在。就像在天体运行过程中，产生了热力和摩擦的不可逆的影响，潮汐产生的阻力，使地球旋转速度渐渐变慢，从而导致月球在运行中离地球越来越远。而如果地球是个实心的坚硬球体，旋转过程中就不会发生此类现象。

其实"物化的钟表"，十分突出地显示出了"有序来源于有序"这个特征——而物理学家正是从这个特点中受到了巨大的启发。这两者看似有些相同之处，是什么呢？究竟又是什么样的差别使得有机体成为新的、前所未有的种类，我们对这些还有待了解。

9. 能斯特定理

对于物理学系统来说，原子是一种什么物质的结合体，又在什么时候会显示出"动力学特点"（在普朗克的意义上说）或"钟表材料的特点"？量子论简短地回答了这个问题，就是在绝对零度的时候。在接近零度时，分子的无序对实验的结论不再影响。值得一提的是，这个结论不是通过推理完成的，而是在大量实验研究中发现的。在测试了大量的温度数据后，得到了零度这个值——实际上不存在绝对零度。这是著名的沃尔塞·能斯特"热定理"[1]，毫不夸张地说，这个定理配得上"热力学第三定律"（第一定律是能量原理，第二定律是熵的原理）的荣誉。

量子论为能斯特的"热定理"提供了理性依据，我们也通过预测得出，一个装置的系统要运转起来，即表现出"动力学"的行为，需要离绝对零度有多远。在每种不同的情况中，几度才是实际上等于绝对零度的呢？

你千万别以为这个温度是个特别低的值，事实上它仅仅比室内温度低一点。在许多化学反应中熵的作用微乎其微，能斯特的发现就是从此而来（请允许我再次重复，熵是分子无序的直接量度，即它的对数）。

10. 摆钟实际上是在零度下工作

这对于一架钟表来说会怎样呢？对于钟表而言室温就是零度，这就是它能够进行"机械运动"的原因。即使你将它冷却，它还是会继续工作（如果你已经将所有油渍洗净了）。但是如果你加热它，使它的温度高于室温，它就会停止工作，因为太热会导致它被熔化。

---

[1] Wather Nernst(1864~1941): 生于西普鲁士的布里森，德国卓越的物理学家、物理化学家。热力学第三定律创始人，能斯特灯的创造者，1920 年获得诺贝尔化学奖。

11. 钟表装置与有机体之间的关系

这个问题看上去似乎无关紧要，然而我却认为说到了要害。钟表能够进行"机械运动"是因为它本身是由固体构成的，海特勒－伦敦力使得这些固体保持着固体的形态，这种力在常温下足以避免热运动的无序趋向。

所以我不得不说，钟表装置和有机体之间的相似之处就是——它们都是固体，构成遗传物质的非周期性，很大程度摆脱了热运动的无序。但是不要责怪我将染色体纤维称为"有机的机器齿轮"，至少这个比喻是有一定物理学理论依据的。

这种齿轮有两个显著的特点：第一，齿轮奇妙地分布在一个多细胞有机体内，我在本章第 4 节中对这点做过诗篇般的描述；第二，就单个齿轮而言，它不像粗糙的手工艺品，而像遵循着量子力学的高度指挥所制的精美杰作。

后记

决定论与自由意志

那么，在我公平而不掺杂任何情绪讲述生命问题的科学部分后，我渴望有一个自己的空间来主观地谈谈，我对生命哲学意义的看法，以慰之前的烦琐。

从前面的证据中可以发现，在生物体内所涵盖的时间与空间里产生的活动（同时将它们复杂的结构和公认的对物理化学现象的统计解释考虑在内），相对生物的思维活动，自我认识及其他活动而言，就算并非严格的决定论，至少在统计意义上也是决定论的。在此，我向各位物理学家透露，我的观点和一些科学家相反，我认为量子不确定性和生命活动毫不相干。虽然在减数分裂、自然突变和X射线诱导突变等生命活动中，量子不确定性最多，但也只是增强了这些活动完全纯粹随机的特性，无论怎样说，这都是被普遍认可的现象。

对于科学家而言，不能存有偏见，不能因自身被称为纯粹的"机械"而觉得不自在。我们都知道，这个观点与人在思考时产生的自由意志相矛盾。

无论直观经验怎样千变万化，逻辑上都不会产生矛盾。所以，让我们来推断以下的两个假设是否成立，是否存在相互不矛盾的结论：

1. 我们的身体遵循自然法则，如同纯粹的机械那样运动。

2. 然而，我相信自己机体的感受，因为是我在控制它们活动。并且我还能够预见这些活动将产生怎样重大的后果。因此我认为自己可以对此行为负全责。

这两件事，最后所得的结论只有一个：这个广义的"我"是能够遵循大自然法则，掌控原子运动的人。换而言之，任何存在自我意识的生命，只要能感受到或表达出"我"这个意识那就是"我"本身。

有的概念过去有着更加广泛的内容，抑或至今对一些人而言还具有广泛的内涵。然而在特定的环境中，这些概念会发生变化，被专有化或限定。此时，要下一个简洁有力的结论需要勇气。如在基督徒面前说"我就是全能的神"简直就是妄言，是对神明的亵渎。但若忽略此语境，仔细思量，你是否也会发现，假如一个生物学家要证明神存在并不朽，上面的推断是最接近正确答案的。

"我就是全能的神"并非什么新观点，大约在 2500 年前，甚至在更早之前已有记录。印度思想家在《奥义书》①中提到：一个人本身即为一个全知全能的永恒体本身。这句话充满了印度人对世界万

---

① 《奥义书》是具有深刻含义的典籍。作为千年不衰的印度圣书，最早的《奥义书》约产生于公元前 6 世纪，是印度最经典的古老哲学思辨著作。"我"和"梵"是其中两个最重要的概念，主张"梵我同一"。

物最深邃的思考，毫无亵渎之意。吠檀多[①]派学者为懂得怎样表达这些思想，从而为精神世界与这个伟大的思想融合做了很多努力。

历史长河中频现出许多神秘主义者，他们所阐述的"人生"这种特殊活动各不相同，却能相互兼容，如同幻象中的气泡。用一句话概括，即：DEUS FACTUS SUM（我即为神）。

在西方思想史上，这种思想始终游离在主流之外，仅得到叔本华[②]和为数不多的人的支持。而事实上两个倾心的恋人，在他们彼此深情相望时，从对方的眼中就能感受到，虽然他们所想的与愉悦的心情并不完全一样，但是却能相互融合。可惜的是恋人们往往过于投入，很难发现这一点。

容我赘述，意识都是单独出现的，从不成双成对，即使在精神分裂及双重人格这类精神疾病中，人格也是交替出现的。再如在梦境中人往往会扮演多个不同角色，但各个角色都存在差别。梦中的主角是我们自己，语言和行动由自己主导，且梦中我们常渴望某种想法得到他人的认同。但人们在梦中意识不到的是：这些"其他人"都是受到我们自己的控制，而产生特定语言与行动的，这与控制梦境中的自己，并无不同。

---

① 梵语名：Veda^nta，印度哲学史上占统治地位的唯心主义哲学派别。吠檀多指《吠陀》末尾所说的《奥义书》。
② Arthur Schopenhauer（1788~1860）德国著名哲学家，是唯意志论的创始人和主要代表之一。认为生命意志是主宰世界运作的力量，意志是决定性的，任何表象都只是意志的客体化。代表作是《作为意志和表象的世界》。

被吠檀多学派强烈排斥的多元性，其概念是如何产生的呢？躯体是有限空间中存在的物质，意识与躯体密不可分但依赖躯体存在。（试想身体会发生变化，从诞生到青春期，从衰老到暮年，历经一生，而附于此存在的思想会发生什么变化？当躯体产生发热、中毒、被麻醉、脑部受伤，思想会发生什么变化？）躯体虽为物质却迥然不同，那么思想的多元也就合理了。这一点已得到单纯的人们和大部分西方哲学家的认同。

这个观点所得出的推论是灵魂和躯体一样多。然后问题又来了：灵魂和躯体一样会死亡吗？还是独立于躯体之外，永不消亡？前一种不受欢迎，而后一种脱离实际，并与多元性假设相悖。甚至还有愚不可及的疑问，动物有没有灵魂？灵魂是男人的专利吗？女人有灵魂吗？

如此种种，纷乱不堪，如若不是有十足的信心，任谁都会对多元性假设产生怀疑。西方的全部为政权服务的宗教都这样做。假如我们避开此类宗教思想里迷信的地方，保持有许多灵魂存在的观点，宣扬灵魂也有寿命，它与所依赖的躯体一起消亡，以此来掩饰灵魂多元性的思想，这种做法难道就不滑稽可笑吗？

我们仅有一个选择，那就是坚持来自身躯的直观感受：意识只能是单数，而非复数。本质上都来自一个意识，只是存在多元表象而已，都是意识主导幻觉产生的一系列形象，如同镜子中不同角度的形象，就像赤仁玛峰一样，它也是珠穆朗玛峰的名称，只是叫法不同，是从不同角度看到的同一山峰而已。[①]

民间盛传着大量深得人心又栩栩如生的鬼故事，大大影响了人们的认知。例如，有人说我的窗外有一棵树，然而我却看不到它，但只要借以精妙的装置便能使我的意识感受到树的存在。而当你和我站在一起看这棵树，你的意识也会出现这样的画面。我们两个人，虽然都看到了那棵"树"，但真实的树我们仍然全然不了解。康德[②]则做出了一个夸张的假设。只要把意识看成单数名词，便可顺水推舟得到结论：树只有一棵，我们看到的画面都是幻象。

然而，任何人都相信，自身的所有经历与记忆是一个整体，与其他人都不相同，这就是我们口中的"我"，那么这个"我"究竟是什么。

假如你能够坐下来仔细分析，你会发现这个"我"只比那些简单的代码，比如经历与回忆多了一点而已。也可以说这个"我"是存取和表现这些代码的画板。但只要经过反思你就会发现，"我"的本质是这些经历与记忆存在的源泉。假设你远离国土去了遥远的地方，即使失去了所有朋友的联系，甚至将他们忘记，也不影响你

---

① 赤仁玛峰海拔 7134 米，它并不是珠穆朗玛峰（8848.86 米），只是它们同属于喜马拉雅山脉。薛定谔举例是为了比喻从不同角度看到的效果有差异，虽然这个比喻细节上有一定的瑕疵。

② Kant（1724~1804），出生于德国哥尼斯堡，德国哲学家，德国古典哲学创始人，德国古典美学的奠基者。康德的"三大批判"构成了他的伟大哲学体系：纯粹理性批判、实践理性批判和判断力批判。主张将经验转化为知识的理性是人与生俱来的，没有先天的范畴我们就无法理解世界。被认为是继苏格拉底、柏拉图和亚里士多德后，西方最具影响力的思想家之一。

认识新的朋友，与他们共同热情地生活，如同过去与老朋友们那样。虽然你仍然会想起他们，但这对于你的新生活影响不大。这就好像你在阅读的小说的主角，与你的距离更近更生动一样，你对他们的感触更深。即便如此，你过去与今日的生活之间亦无断层，不存在新旧更迭。就算从业多年的催眠师让你将曾经的回忆忘得一干二净，也不意味着人会因此死亡，无论发生什么，人本质的存在永远都无法被否定。

意识和物质

第二部分

塔尔内讲座

1956 年 10 月,剑桥大学三一学院

谨献给我的挚友汉斯·霍夫

第一章

意识的物质基础

1. 问题症结

我们的世界由一系列知觉、感觉和记忆组成，将世界当作一个独立存在的客体是一件有助于探讨的事，但显而易见的是世界不仅靠自身而存在，它需要大脑这种具备分辨力的器官将其呈现出来。这件事绝非寻常，而是隐含了很多信息：我们靠什么辨别出大脑具有使世界呈现出来的特殊能力？我们是否能够判断，哪些物质过程没有这种能力，或换种说法：哪些物质过程与意识相关呢？

理性主义者会对这个问题做出简洁的回答。据研究表明，意识与生命体的神经活动有关，其他一些高等动物也如此。但是到底多古老和什么等级的动物身上才有意识呢？意识诞生之初又是什么状况？没有人能回答，一切都是人们的猜测，因此就把它们留给那些空想家去思考吧，至于思考非生命体及其他物质中是否存在一定程度的与意识相关的活动是毫无意义的。因为思考这些无异于异想天开，它毫无价值的理由是既不能证实也不能证伪。

然而，那些放弃追逐这个问题真相的人应该明白，在他们探索的世界中留下了一个多么神秘的空白。某类有机体上突然出现神经细胞和大脑是非常特殊的事件，众所周知它的意义非常重大。大脑和神经细胞是一种很特殊的机制，即一种适应环境变化的机制，它可以让个体对环境的改变做出行为上的相应调整。在所有机制中它是最精致、最具创造性的，无论何时它都能迅速占据主导地位。然而它并非独一无二的，许多的生物体，尤其是植物，却是用大相径庭的方式来达到类似功能。

高等动物在发展过程中是否会出现一个特殊的转折，这难以令人置信，也可能根本未曾出现——是世界想要凭意识之光照亮自己的必要条件？世界是否像一部没有观众的剧目，因为它不为任何人存在而顺水推舟地说它不存在？如此一来，世界图景将彻底泡汤。迫切地想找到一个办法摆脱绝境，就不应该害怕聪明的唯理论者的嘲笑而停滞不前。

根据斯宾诺莎的观点，每一种事物或生命存在，都是神无限实体的变形。它通过展现自己的属性，尤其是广延属性和思维属性使神性得以表现。前者是事物实际所占的时空，后者就是精神意识。但斯宾诺莎认为，那些没有生命的物体也是"神的思想"，也就是它们同样存在思维这个属性。这种大胆的想法认为宇宙中一切都有生命，虽然它不是由斯宾诺莎首次提出，而在西方哲学中已经有人提过。两千年前，爱奥尼亚哲学家就因此思想而被称为"物活论者"[①]。在斯宾诺莎之后，古斯塔夫·西奥多·费希纳[②]就宣称植物、地球及行星系统等等，都有灵魂。但我并不赞同这些幻想，也不愿

---

① 即万物有生论，一切物质都具有生命和精神能力。

② Gustav Theodor Fechner（1801~1887）：德国物理学家，实验美学的创始人。他把物理学的数量化测量引入心理学，提供了感觉测量、心理实验的方法和理论，为冯特建立实验心理学奠定了基础，主要著作有1860年出版的《心理物理学原理》。

意评判是费希纳还是唯理主义者更接近真理。

2. 尝试性的答案

从所见即知，一切尝试扩展意识范畴，想要把意识与神经活动之外的一些事物联系起来的行为，最后都会导致既无法证实也无法证伪的情况。假如我们正好走的是相反的路，反而会得到强有力的支持。并不是所有的神经活动都和意识相关联，很多神经活动都和意识无关，大脑之中存在着无数与神经活动无关的活动。这些过程从生物学角度和生理学角度看与存在意识参与的过程非常相似，因为有迹象显示发生神经冲动的传入和导出。而从生物学作用来看，这些过程是生命体调控自身适应外界变化的反应。我们所进行实验的第一个案例，是植物神经系统和由此系统控制的部分内部所发生的反射过程。有很多反射过程虽然经过了控制中心或者说是大脑（对此我们将进行深入探讨），结果它们有的不能够产生意识，有的就算反复实验都没有再产生意识。在第二种情况之下，究竟有没有再产生意识的可能性尚无定论，因为有意识和无意识存在着互相转化的可能。经过对人体内部众多非常近似生理学过程的观察，能够得到实验和推理想要找到的只属于意识的独特性状。

从我的推理来看，下面的例子就是秘密潜藏的所在。人们都知道，生物体内那数不清的交互都存在知觉、感觉和行动的参与，但凡同一模式重复出现便很快被意识淘汰掉。然而当这些事件再次发生时，只要其中包含的信息，如地点或环境发生了改变，就会被意识作为新事件牢记。这时意识只记录了它们与之前的不同之处，并依据这些变化将它们与之前的事件区分开。这种例子在人们的生活中不胜枚举，我在此便不再赘述。

　　在人完整的精神体系之中，遗忘的过程至关重要。这个完整的精神体系基于反复练习而出现，理查德·西蒙①将这个过程称之为记忆力。在后面的章节中，我们将深入讨论记忆力的含义。一个从不再现的现象，就没有生物学意义，练习怎样正确地应对再现情景才具有生物学意义。此类情景重现有一定的周期性，当生物总用同样的方式去对待它才能应对自如。生物在最初遇到这些情景时，意识会在大脑中更新。理查德·阿芬那留斯②把它称作"已发现"或"非全部"。反复重现后，就像是常规知识，从而失去了最初的新鲜感。而对情境的应对也日趋牢靠，慢慢从意识中消失了。就像是男孩已将诗歌倒背如流，女孩随手弹奏《如在梦中》的曲子，我们每天走同一条路上班，在同一个位置穿过十字路口、拐弯，而大脑中却想着别的事。但是只要发生一点改变，比如，我们每天穿过的十字路口正在维修，使我们只好绕行……这些变化和我们的应对刺激新意识产生。直到这种新变化也不断重现，以致形成常规，我们

---

① Richard Wolfgang Semon：德国动物学家，进化生物学家，对"记忆"进行了专门的研究，他认为人类的心理活动与神经的生理学变化相对应。
② Richard Avrenarius(1843~1896):19世纪德国哲学家、经验批判主义创始人之一。他反对传统形而上学对经验的内外之分，认为自然界中并不存在物理的或心理的东西，只存在"纯粹经验"，把物质和意识统一于感觉经验。

所做的应对意识又会消失。当我们站在路口选择路径，对于不同的几条线路，都能用相同的方法做出选择，因为不管你是去大学汇报厅还是物理实验室，只要我们平常多次去过，就能找到正确的路径到达那里。

产生改变，给出应对方法，这些循环往复进行。能被意识保留下来的，却是那些新近发生的，生物尚在学习与练习的情形。有个说法认为，意识相当于引导生物学习的老师，但对于学生已经熟练的任务，老师会放手让学生自己去完成。值得一提的是：这仅仅是个比喻。事实上，意识仅会注意保留那些新情形和对新情形的应对，而已经被熟练掌握的旧情形与应对根本不会再现。如是而已。

生活之中纵然重复过千万遍的事情，它也是从第一次开始的，那时我们会十分注意并格外小心，例如婴儿学步之时，他会将注意力都集中在上面，当他第一次取得成功，会发出欢呼声来庆祝这一壮举。比如：脱鞋子、关闭电灯、睡前更衣、吃饭时使用刀叉……婴儿都要通过大量的努力才能掌握，但熟练以后，就会像成年人一样轻而易举。正因为熟视无睹，所以成年人有时还会闹出笑话来。据说有位著名的数学家准备在家开一个聚会，可是当晚上客人们来到家中后，他妻子居然发现他已经关灯睡觉了。究竟发生了什么呢？原来在宴会前他到卧室去打算换一件干净的衬衣，路上他一直在想别的事情，结果竟然在取下衣服领子后习惯性地上床睡觉了。

在我看来，这些司空见惯的事情，能帮我们认识无意识的神经活动系统，比如：心跳、胃肠蠕动。这些无意识的神经活动要么几乎不变，要么在有规律的变化情况下已经训练有素，因此早就从意识中消失了。我们很容易找到中间情况的事例，比如：呼吸通常是无意识的过程，但当遇到浓烟或发生哮喘等意外情况，呼吸就会重新被意识到。再如当人感到悲伤、快乐和疼痛的时候，我们的眼泪会难以自制地流出来，虽然我们已意识到这一点。

此外，即使已经固化的记忆中的行为，也难免出现搞笑的差错。如：人受到惊吓会导致头发直立，人太紧张会导致口干无唾液分泌。这些至今还发生在我们身上的意识反应特征，最初始的意义似乎已不存在了。

下面我将探讨神经过程之外的问题，我感觉不是所有人都会同意这种论证，所以我需要事先声明一下。我们要做的扩展有助于解决哪些物质过程与意识相关，哪些物质过程不是这样的问题。此前我们探讨关于神经过程的特性，大致来说是器官活动的特性，这些活动特性只要是新发生的就与意识相关。

根据理查德·西蒙的观点，包括大脑在内的整个身体的发育都是连续不断成进行相同重复的系列事件，就像生命必经的那样，生命萌芽在母体子宫内最初是没有意识的，甚至到孩子出生以后的几个月内意识仍在休眠中。在此期间婴儿所遇到有差异的情形极少，使婴儿形成了固有的习惯。接下来身体器官因环境的影响，不断进行自我调节，意识随环境不断改变而出现，这样持续作用一段时间后意识才会因环境的变化而被修改。像我们这样的高等脊椎动物体内的神经系统中就有这个器官。这个器官具有特殊的功能，它与意识不断产生联系，通过自身经验使机体不断适应环境的变化。生物经历发育变化的就是神经系统这一部分，如果将人看作一株植物，神经系统就在它的茎干顶部。我将我的假说归结为：生物的学习与意识关系紧密，但它对学习是如何发生的，却完全没有意识。

3. 伦理观

我认为十分重要的部分是将理论延伸到伦理观，虽然这对其他人来说是困惑之事，就算不推而广之，我描绘过的意识理论似乎已使用科学方法解释伦理成为可能。

不管在哪个年代，不论何种文化，但凡是要求人们遵守的道德标准，背后都存在自我否定，因为伦理观总是在某种程度上与我们的原始冲动相矛盾。以一种"你应该怎么样"的形式出现，这种矛盾："我想要"和"你应该"的源头是什么呢？

一切使我们放弃自主、压抑自身原始欲望，违背真实自我的要求，难道不荒谬吗？而今的时代对这种要求的嘲讽远多于其他任何时期，以至我们时常会听到这种言论："我就是我，我需要个人空间，别压抑我天生的欲望！任何反对我应该有的都是荒谬、错误的。大自然之神之所以创造我是为了让我做我所想。"康德的言论，被公然认为是非理性的。①要驳斥这种"质朴"之言并非易事。

　　然而，所幸这些言论毫无科学依据，通过对生命过程的探究，我们认识到，有意识的生命必须持续与自身原始的欲望做斗争。与祖先的物质遗产相比，作为自然属性的个人的原始冲动和意志都比祖先强烈。人作为一个在经历不断变化的物种，处在进化的前沿，因此我们每天都会进化一点，并在持续积极地进行。纵使人类个体的一生与漫长生命中的每一天，不过是一座永远无法完成的雕像上的一个小凿痕，但正是这无数不起眼的小凿痕推动着人类伟大进化的进程。值得一提的是，遗传的自发突变是实现这种变化的介质与前提，而突变基因携带者的行为与生活习性对物种进化具有重大影响和决定作用。如果不是这样，纵然在漫长的时间范围内，我们都无法解释物种的起源和选择的趋势；而且所可选的时间范围也是有限的。

　　因此，我们生命当中彼时拥有的东西，每天都在改变，被修改、被删除、被新形式所取代。现存的形式对改造其形式的新形势的抵抗，体现在我们的原始意志当中。因为对我们而言，自己既是凿子也是雕塑，是征服者也是被征服者——这种持续不断的"自我征服"在个体身上展现得淋漓尽致。

----

① 这里指的是康德的《实践理性批判》一书中所讲的道德律。康德认为人类道德的特点是实践理性，人的行为最根本的问题就是道德的自律，所有为了自己的功利行为都是不道德的，真正为道德律所支配而尽的义务才是真正的道德。

但群体的进化进程相对于个体生命和历史纪元而言是非常缓慢的。所以说，那种认为进化过程与意识存在直接关系的看法难道不荒谬吗？这种进化过程难道不是无人注意，而在悄无声息地进行着吗？

并非如此，据之前的考察发现，意识与生理进程相关，在和环境之间的相互作用下不断被改变，从而我们总结出一点，只有那些仍然处在被训练阶段的变化被意识到。在被训练好以后，这些变化将成为物种所固有的、无意识的物质遗传部分。简而言之，意识只在发展中方才显现，世界只能通过发展、创造新的形式显现。固定不变的事物会逐渐从意识中消失，而当他们与发展进化中的事物相互作用时才会再次出现。

如果承认这些观点正确，那么自我与意识的抗争从未停止，而它们之间是互成比例地生长，虽然这似乎是个悖论，但它已被诞生在这个时代中的伟人证实了。世界给予了人们闪亮的意识之光，而人类也用这个光芒创造和改变着人文的艺术作品，并用演说、文字甚至生命来证明它。这些人的内心承受了比其他人更剧烈的痛楚和折磨，而它带来的艺术作品算是给痛苦人类的一种精神慰藉。因此人类的进化来源于自我冲突，而正是这种冲突使人类能够承受任何痛苦。

我并非德育的说教者，而是一名科学家，我不是为了找到宣传道德法则的恰当理由，才希望物种进化到更高的目标阶段，因为这个道德法则是无私的目标、公正的动机，那么其间必然涵盖了美德，并等待被接受。我与其他人同样无法解释康德实践理性中的"应该"。显而易见的是，这个简单的道德法则很普通。它的存在甚至得到许多不经常遵守它的人的认同，像这种令人费解的情况表明，人类正在从利己主义向利他主义转变。这也正好诠释了人的社会属性。利己主义对于那些独居的动物来说，是对物种发展的一种保护，但对群居动物而言，是一种具备破坏性的问题。在某种动物向社会动物发展的初始阶段，利己主义得不到控制，就会消亡。像蜜蜂、蚂蚁和白蚁等在历史上存在悠久的物种，早已完全找不到利己主义的踪影了。然而，利己主义的进一步——民族利己主义却大行其道。假如一只工蜂，不小心走错了蜂巢，会被当作入侵者被立即"斩首"。

在人类身上发生的状况并非不同寻常，在第一个转变还未完成之际，第二个转变的轨迹就早早显现出来了。人类目前可以说是强烈的利己主义者。但其中不乏觉察到民族主义的危害、欲将它摒弃的人。于是此时怪象出现了。目前，利己主义仍然是强有力的磁石吸引着人们，表明人类第一个转变还并未完全，但或许正因为如此，反而使不同民族之间和解的步伐加快。恐怖的新式侵略武器威胁着人们的安全，因此，国家之间的和平是人们渴望的。在蜜蜂、蚂蚁或斯巴达勇士的生存环境中，怯懦是最可耻的，因此他们没有任何个人的恐惧情绪。幸好我们只是凡人，会胆怯的人，否则战争永不会停止。

本章的探讨和结论超前了 30 年，我始终在关注它们，但我担心它们能否被公众接受。因为，它们是以拉马克^①式的"获得性遗传"为基础的。然而，就算我们抛弃获得性遗传，而接受达尔文的进化论，我们仍会发现一个事实：物种个体的行为对其进化方向有显著作用。这似乎是某种伪拉马克主义。在下一章中，我们会引用朱利安·赫胥黎^②的观点对此事作详细解释。不过我引用赫胥黎的观点是为了针对另一个不同的问题，而不全是为上述观点提供理论上的支持。

---

① Jean Baptiste Lamarck（1744~1829）：法国博物学家，生物学伟大的奠基人之一。较早期的进化学者之一，是进化论的倡导者和先驱。主要著作有《法国全境植物志》《无脊椎动物的系统》《动物学哲学》等。
② Julian Sorell Huxley（1887~1975）：托马斯·赫胥黎之孙，英国生物学家、作家，现代进化论创始人，是世界自然基金会创始成员之一。

第二章

认识未来

1. 生物发展的绝境

"我们已找到对世界的理解或解释的终结性结论，也可以说是我们的理解进入了终极阶段，所以从任何角度而言，都是极限或最好的。"这种说法是不正确的，我的理由并非因为当今所有学科仍处于发展研究中，哲学和宗教上的收获影响着人们的世界观。实际上按照现在这个方向走下去，在未来 2500 年里取得的成就，与普罗塔哥拉①、德谟克里特②和安提西尼③已经取得的成就无法相提并论。这是因为人们对人类大脑是反映世界的所有思维器官中无可超越的观点没有十足的把握。而很可能的是，存在其他具有大脑器官相似功能的物种。但它们大脑所反映的世界与人类相比，就好像是我们眼里的狗，或狗眼里的蜗牛那样。

如若存在这种可能，虽然这与我们的探讨无关，但仍会引起我们的兴趣。我们很想知道我们的后代是否会遇上这样的事情。地球

---

① Protagoras（约前 481 ~ 前 411）：出生在阿布德拉，是智者派的主要代表人物。他主张"人是万物的尺度"，在哲学界影响深远，受到历代哲学家的关注。
② Democritos（约前 460~ 约前 370）：出生在色雷斯海滨的阿布德拉，古希腊唯物主义哲学家，原子唯物论学说的创始人之一。他认为万物的本原是原子和虚空，继承和发展了留基伯的原子论，为现代原子科学的发展奠定了基石。
③ Antisthenes（约前 444~ 前 371）：古希腊哲学家，苏格拉底弟子之一，犬儒学派的开山鼻祖。认为美德是唯一必须追求的目标，鄙视一切舒适和享受。著作有《赫拉克勒斯》《阿切劳斯》《政治论》等。

正处于中年时期，在过去的 10 亿年中，我们从最原始的生命形式进化成现在的模样，这恰恰说明未来的 10 亿年地球依旧是人类的生存空间。人类的自身状况却值得深思。目前人类还未发现比进化论更先进的理论，那么人类的文化发展很可能近乎停滞。那人类身体上由遗传而固定下来的遗传特征能否继续进化呢？这个问题很难回答，我们很可能已走到了这条路的尽头，或者说走进了一个死胡同。这没有什么大不了的，毕竟不是一件新鲜事物。我们从地质学的记载中发现一些物种或种群的进化在几万年前就终止了，但它们并未绝迹，只是几百万年来一直保持原样，没有什么改变而已。例如，被称为活化石的海龟和鳄鱼，是非常古老的物种，还有昆虫也是这样，它们的数量庞大，比其他物种的总量还要多。其他生物发生着翻天覆地的变化，而它们却有几百万年未发生变化了。妨碍昆虫继续进化的原因是它们的骨骼在身体外部，这与人类不同。不像哺乳动物的骨骼那样，从出生开始不断生长至成熟，昆虫的骨骼体系，注定了它们很难在生命周期中为适应环境而发生变化。

对人类而言，阻碍其进化的因素有：个体自动产生的可遗传特性，我们称之为"突变"。依据达尔文的进化论，"有益"的突变会被自动选择出来。不过这些突变只是极其微小的变化，对进化的推动作用非常有限。生物必须繁殖大量的后代，才能保证有一小部分存活下来。只有那样，那些微小的改善才有在那些少数幸存者身上实现的可能。

但这一套机制在人类身上却行不通，甚至在某些情况下起到消极作用。总之，人类不愿看到同类受苦并死亡，所以建立了法律和社会制度并逐渐完善。一方面这些法律和制度保护了生命，规定禁止残杀婴儿，并扶助弱者存活；另一方面代替自然对淘汰者做出选择，放弃适者生存法则，利用计划生育和降低育龄女性生育率，来控制后代的数量，以达到资源配给平衡。此外战争、天灾和疾病也会造成人口减少，但这非人所愿。无数生命，无论老幼被饥饿、辐射和传染病夺走。过去部落间发生的氏族战争可能正好契合自然选择，但历史上有记载的战争是否还有这种积极作用呢？这实在令人怀疑。当前战争的作用更是相反，战争是一种盲目的屠杀，而药物与医术则无差别地拯救生命。尽管战争和医疗是全然对立的，但他们同样不具有积极选择的价值。

2. 达尔文主义的悲观情绪

种种迹象表明，人类这个一直在进化的物种已停止了进化，且未来再进化的可能性也不大。即使如此，我们也不必过于担心，我们可以不进化继续生存几百万年，像鳄鱼和大多数昆虫那样。只是从哲学角度而言，这种状况不免使人伤感，所以我渴望找到一个相反的例子，因此我深入进化理论，在朱利安·赫胥黎教授的《进化论》一书中找到了例证。但从他的观点看，这些论点是不被当今进化论者所喜爱的。

由于生物在进化过程中明显是被动的，因此读完达尔文的理论难免会产生一种忧伤的、悲观的看法。突变其实是在遗传物质——基因组内自发产生的。而较为可信的是，引发这些突变的因素是物理学上所说的热力学涨落。也就是说突变纯粹靠概率，人类个体根本不能决定从上辈人那里获得什么遗传物质，也决定不了自己遗传什么给后代。而"自然选择，适者生存"法则在突变中发生作用，这更是全靠概率。有利的突变能够提高个体的生存和繁殖能力，还能把突变传递给后代。由于变异的特性不会影响后代，所以这类变异与生物学看起来没有什么关系。习得的特性不能遗传下去，生物后天学到的技能和训练会随个体的消亡而消失，不能留给后代。在这种情况下，有智慧的生命会发现大自然是独裁的、冷酷的，从不愿与谁合作。因此生物个体会觉得自己无所作为，陷入虚无。

事实上，达尔文的理论不是第一部系统的进化论，拉马克的理论出现得更早。拉马克理论有个基本假设：生物个体在繁殖时，能够将自身从特定环境与行为中得到的新特性传递给后代。不能完整遗传下去的，也会保留一部分。所以生活在石头缝里或沙漠里的动物，把脚磨出了厚厚的茧子使脚免于受伤。这种老茧就会成为能够遗传的特性，后代就不用通过磨砺而得到上一代的馈赠。按照这个说法推理下去，生物个体持续使用某个身体器官使它获得的力量、技能及质的变化都不会丢失，而或多或少都会传递一些给后代。这个观点简洁而有力，用于解释为什么每种生物都有独特而细致的适应环境的能力。同时，此观点美妙之处还在于它非常振奋人心，这种观点与达尔文那令人悲观的被动选择相比无疑更加吸引人。在拉马克理论中，生命进化的链条没有断开，智慧生物不断为适应环境做出的改变、付出的努力都在生物学上有着推动物种进化至完美的价值。然而不幸的是拉马克的理论并不成立。这个理论的基础"获得性状能遗传"是错误的，如今我们都知道它们不能遗传。物种得以进化的任何一步都源于偶然产生的自发突变。它们与生物个体一生的行为没有任何关系。这样一来，我们又回到了达尔文理论那令人悲观的观点中。

3. 行为影响选择

现在我将告诉你们事实并非如此。不必改变达尔文理论的基本假设，我们能够直接看到生物个体的行为在进化中所起的作用，甚至可以说是最关键的作用。生物的特性包含了生物的器官特征、能力等，一方面生物会让这些特性得到有效发挥；另一方面这些特性会在代际之间不断被有效利用并得到改良。这是拉马克理论的一个要点，这种使用与改良之间的联系是拉马克理论正确的部分，被保留在达尔文理论中，而人们对达尔文理论一知半解的话就会忽视这一点。拉马克所描述的事物进程几乎与实际一致，所以看起来拉马克好像是对的，但从达尔文的理论中，我们发现事物发生的机制远比拉马克描述的复杂。不管解释还是真正领悟这一点并不容易。那么，我先告诉你们结论吧，将器官作为考察目标有助于辅助理解，当然我还可以考察事物的特性、习惯、工具、行动，甚至是这些特性的附属部分。拉马克认为，首先是器官被使用，然后得到进化，再后来这种进化传递给后代。这个观点是错的，因为这个器官有发生变异的可能，然后经过自然选择，这种保留得到发展。最后这种特性被遗传下去，被选择的有利突变形成了持续不断的进化。朱利安·赫胥黎认为，拉马克和达尔文理论具有相似之处：突变，并不一定是引发过程的最初变化，也不是能够遗传的类型，但是假如它是一种有利突变可能会被赫胥黎所谓的"器官选择"所作用，当这些突变向着有利方向走，前面的变化为真正突变的到来做好了铺垫。

我们来进行深入讨论吧。在突变或者突变上外加一点选择会改变原先的特性或产生一些新特性，使生物与环境发生作用，而生物的行为使这些特性变得更有用，从而稳固了对这种特性的选择。正因拥有了新特性，生物体具备改变环境的能力，具体表现为改造、迁移或者因环境需要而改变自身行为。毫无疑问的是，这些具体的能力使新特性更加有用，从而加快了个体沿此方向的选择性进化速度。

很可能你觉得这个论断不够严谨，只因为它对个体的目的性和智力程度要求较高。实际上我认为，这个论断不仅限于高等动物有目的性的智慧行为，其他动物身上也可能出现。让我们看几个这样的例子：

一个物种中的所有个体，它们生存的环境并不完全相同，就比如一种野生植物的花，有的生长在阳光下，有的生长在背阳处，有的长在山坡上，有的长在低洼的谷底。当有一种叶子突变成毛茸茸的，在海拔高的地区生长得更好，因此山坡上这种树较多，而在低谷处难以见到。结果就好像是有毛茸茸树叶的种类迁往山坡高处，使突变在这个环境中进一步发展。

举个例子，鸟类的飞行能力使它们能够在高高的树上筑巢，这样可以让幼仔不被天敌吃掉。有这种高空飞翔能力的鸟儿就具备了进化上的优势。然后是这种巢穴出生的幼鸟，必须更善于飞行。因此飞行能力改变了环境，或者说鸟儿在环境中的行为，是朝着有利于这样飞行能力的环境进行改变的。

生物界最显著的特征，就是分化成了许多不同的物种，很多生物都拥有本物种所特有的复杂行为，并依赖这种特殊能力生存。动物园集中展示了珍奇异兽，假如它连昆虫的生命发展史也能展现，必然会显得更像一个奇特动物博览会了。但非主流的特异性不受欢迎，规则只适用于有着特殊技巧的特异性。"如果大自然没有创造出这些特性，不会有人想到这些特异性存在。"很难相信达尔文的"偶然积累"竟然提到了这些特异性，不管你是否愿意相信，简单生物在发展过程中受到外力影响而向某种复杂的状态转化。而简单即代表它具有不稳定性。不断远离这种简单就会引发新的力量，从而使它进一步从这个方向上偏离。达尔文的观点虽为人们所接受，且人们习惯于引用他的理论进行问题分析，但假如生物的某种特性是由一系列偶然的事件引发的，那么达尔文主义便不能帮人们解决这一问题。我相信这种情况只会发生在刚开始在"某个方向"上迈出的一小步，借着自然选择在初始获得优势的方向上不断创造着"锤击可塑材料"的条件，使得物种意识到它们生命前进的方向，就会沿这条道路不停地走下去。

4. 伪拉马克主义

偶然发生的突变使个体获得某种优势，且因这种优势使得个体在特定的环境中更好地生存。为什么偶然发生的突变，却有着巨大的作用呢？它为什么能够把环境的选择性影响集中到自己身上呢？我们必须换一种方法来解释这种现象，不能将其归于万物的灵性。

为了更好地解释这一点，我们应将环境看作是有利和不利条件的集合，有利条件包括食物、水源、住宿、阳光等；不利条件有其他生物的威胁、有害有毒物质和恶劣的环境等等。也可以简单地将前一类概括为"需求"，将后一类概括为"危害"。不是所有的需求都能得到满足，也不是每一种危害都可以避免。生物为了存活常在这两者之间采取折中办法，既满足最迫切资源的需求，又能躲避最致命的危害。有利突变能够使其更易获得资源，减轻来自某些敌人的威胁，或者两种优势都有，因此这种突变个体的生存概率有所提高。除此以外，由于它改变了个体需求和危害的相对比重，从而导致最佳的平衡被打破。于是那些靠智力或运气改变行为的生物个体，因其更具优势而被选中。虽然行为的变化并不能通过基因遗传给下一代，但这并不代表它们不能被传递。最简单直接的例子就是前面提到的树叶多毛突变。这种毛茸茸的突变体在地势较高的地带更具优势，它们将种子传播到更多更高的陡坡处，这使得它们的下一代就像是"爬上了山坡"，会更加促进它们的有利突变。

从上这些状况可见，整体情形是动态发展的，其间存在着无数激烈的斗争。有的种群虽然繁殖能力很强，但由于外部的危害远大于需求，所以它们的存活率不高，显得整体数量并无明显增长。更何况危害和需求总是相伴相生，为了获得维持生命必要的资源，只能冒险去面对危害。由于需求与危害错综复杂地交织在一起，使得减小危险的特定突变产生的影响极大，直接关系到那些挑战某种危害从而躲避其他危险的突变。这样某种偶然出现的，却值得注意的选择产生，不仅与对应的遗传基因特征有关，还与使用这种遗传基因特征的技能有关。通常来说，后代可以通过学习就能掌握这种技能，同时行为的转变又促进了相同方向上的有利突变。

这与拉马克所描述的生物机制非常相似。虽然没有把引起变化的行为遗传给后代，也没有获得性的行为，但行为在进化过程中起到了重要的作用。然而，其中的因果关系正好与拉马克所想的相反，不是行为改变了亲代的体格，然后通过遗传使后代的形体也被改变了；而是亲代体格上的改变直接或间接导致它们的行为发生改变，然后才通过传授一样的教导行为，与基因组包含的体格变化一同遗传给了后代。就算体格的变化不能遗传，通过传授的"教导"来传递变化导致的行为也是一种有力进化。这为迎接未来遗传上的突变打开了大门，使后代能够随时好好利用这些突变，因此这种方式的传递行为是一个促进进化的因素。

5. 习性和技能的遗传固定

行为的变化本身并不能通过身体遗传，因为遗传是通过物质染色体进行基因传递的。有人会提出反对，认为我们所提到的情况只是偶发的，不会无限发展下去从而形成适应性的进化的基本机制，因此我们的观点会遭到部分人的反对。可以断定这种行为的变化并没有在一开始就被基因固定下来，同时令人难以理解的是这种变化是如何融入遗传物质之中的。另一方面的问题是，我们确实看到鸟儿筑巢、猫狗自己清洁等习性可以遗传，这些例子再明显不过了。依照达尔文的理论，这些事将无法解释，可知达尔文主义也是有限的。对于人类个体而言，在其一生中所进行的工作与努力，能够为人类整体的进化做出怎样的贡献，我们希望可以从单纯的生物学意义上做出判断。因为对于人类而言，这个问题有着非常重大的意义。下面是我的推断，根据我们的假设，体格与行为的变化同时发生，后者是前者偶然变化导致的。但它利用最初的优势引导深入的选择机制进入确定的方向。因为只有在相同方向上的突变，才具有选择价值。行为随新器官的发展而与之关系愈加紧密。如果你未经辛勤的劳作却有一双巧手，那么这双手定会妨碍你。从未努力飞翔就不会拥有强壮的羽翼；如果你不去做周围的声音模仿练习，就不会拥有精良的发声器官。将拥有器官与具有强烈希望使用器官并通过练习熟能生巧看作是生物体的两种不同特性，这只是人为的划分方法，在自然界中找不到这种对应，只能用抽象的语言来区分。当然我们不能认为"行为"最终一定能进入染色体，并成为基因组成员。但是，新器官自身携带的习惯和使用方式，如果在生物体的使用过程中没有起到实质的协助作用，那么选择机制在"创造"新器官的过程中就显得毫无用处。因此，就像拉马克所言，两个平行发展的事情最后会合二为一，在遗传上形成一个使用过的器官。

与人类制造工具的过程相比，这种自然选择过程对我们很有启发，从表面上看这两者之间存在明显区别。当有人心急如焚地制造一台精巧的仪器，在未完成之前便开始使用，最后多半会把它弄坏。而大自然却迥然不同，虽然它不能制作生物的器官，却可以持续地观察和检验生物新器官的工作效率，使其不断完善。实际这种类比是不恰当的。人类制造工具的过程相当于个体发育，是生命体从萌芽到成熟的过程，而许多的干扰因素被屏蔽掉了。因为在拥有全部力量和技能之前，年幼的个体必须得到保护。或许可以用自行车的发展历程来与生物进化做类比，也可以用火车、汽车、飞机、打字机的发展史做类比，展现出这些工具一年又一年、一个时代接一个时代经历着怎样的变化。与生物进化过程一样，这些工具也是在不断被使用中得到改进。并且实现工具改良的不是靠使用，而是依赖于实际获得的经验和改进的需求。顺便提一下，自行车如同一个老旧的有机体，它近乎完美，所以不会再出现什么新的变化。显然不进化，也不意味着它会消失！

6. 智力进化的危险

现在我们要回到本章开始的那个问题：人类究竟有没有继续进行生物学进化的可能呢？这个问题涉及两个论点：

第一，关于行为的生物学重要性。行为本身虽不能被遗传，但却能够适应生而有之的功能与环境，并且随这些因素的变化而做出调整。因此，行为就有了成倍加速进程的可能性。植物和低等动物需要经历漫长的选择过程，即通过试错来调整到适当的行为，人类的智慧会帮助自己选择适当的行为，这种优势可谓无与伦比。人类这个物种的增长缓慢而分散，而且为了躲避生物学上的危害，人类将后代的数量控制在基本生存资源得到满足的范围里，从而使这个物种的扩张速度降低，但是人类靠在智力上的优势来选择行为，从而克服了增长缓慢、生育太少等问题的阻碍。从生物学角度看，后代数量超过资源保障范围可能是危险的。

第二，人类还能够持续进化吗？这取决于我们自己和我们的行为。这一点与第一点紧密相关。我们不能想当然地认为是命运在左右这件事情的走向，不可逆转而无所作为。我们需要什么就必须努力获得，若不需要则不必采取行动。就如同政治、历史事件的发展并不是命运强加给我们的，而是在很大程度上取决于人们的行为。作为一种时空跨度很大的历史进程，生物的未来并非不可改变，它不是自然定律预先决定了的。从表面上看，自然法则似乎关注着高级物种，如同人观察鸟儿与蚂蚁及戏剧中的表演者那样，事实上人类才是舞台的主角，不管是广义还是狭义上。人们总认为历史是由命运决定的，被一定的规则和定律控制着。之所以会这样，是因为个体认为自身在历史面前作用微小，既不能够改变别人的行为，也难以说服他们。

为了保障人类的生物学未来，我们要做一些具体的事，下面我将提到最重要的一点。之前我已讲过，自然选择是生物进化必不可少的条件，若无选择则意味着进化停止，甚至是退化。可以引用朱利安·赫胥黎的观点："退行性突变"（有害突变）会造成器官退化，器官一旦不发挥作用了，自然选择就会失效，不再保持进化的痕迹。

如今生产过程的高度机械化替代了人运用智力器官进行操作，潜藏着使人变笨的隐患。当心灵手巧的工人和笨拙迟钝的工人由于手工业的衰退和生产线上单调重复的劳动的普及，变得毫无差异时，聪明的大脑、灵巧的双手和敏锐的眼睛越来越无足轻重。不聪明的人会认为枯燥的工作更简单，他们可能更容易安居乐业和繁衍后代。这种结果会导致天赋和才华的负向选择。

为减轻现代工业社会带来的辛劳，一些帮助人们的机构应运而生，出现了保护工人不受剥削、不受失业威胁等许多社会福利和保险措施。这些措施不可或缺且大有裨益。但是不可忽视的是，这些措施减轻了个人对自己所付的照顾和发展的责任，使所有人获得了均等的机会，从而也减少了能力要求的竞争。这对生物学进化来说无疑是一道屏障。不过我的观点会引发巨大的争议，人们会举出大量例子来证明福利产生的益处远大于对人类生物学进化造成的危害。在我看来，这种益处与害处是同时出现的，除需求之外，枯燥已成为人们生活的另一个痛苦所在。我们应当改造机器来做那些对人类来说机械枯燥的工作，将人从"机器一样"的操作中解放出来，而不是用它们来生产大量的奢侈品。应该让机器去做那些人类已经十分熟练的劳动，而不是让机器来做代价非常高昂的工作。这样对降低生产成本没有多大作用，但能使生产者更愉快。然而只要世界上大公司之间的竞争不断，就没有实现这个目标的可能。这种竞争实际上毫无生物学意义，而我们的目标应该是恢复个人之间有智慧和有益的竞争。

第三章

客观性原则

九年前我提出了大自然的可理解性原则和客观性原则，它们是科学方法的两大基础原则。从那以后，我常用到这两个原则。在我最近出版的书《自然与希腊人》中也用过。我在此想深入讨论的是第二个原则——客观性原则。在开展讨论前，我想澄清一些之前的误解，它们是一些对本书的评价，虽然我已在那本书的开头澄清过。这个误解来自一些人认为我写那本书是为了给科学方法的基础规定一些基本的原则，或者建立一种必须不惜一切代价去坚持的、合理的科学基础。而我本意并非如此，那两个原则是源于古希腊人思想的传承，西方科学和科学思想也源于此。然而我对出现这种误解并不意外，就像是你听到某位科学家讲述科学的基本原则，并认为其中两点尤为基础和古老，你自然会认为这位科学家信奉这两个原则，而这位科学家也竭力希望他人相信这两个原则。但从事情的另一方面看，你会发现科学只是陈述而并不强求什么。科学的目标是合理恰当地描述客观事物，除此之外，无它。科学家只向自己和其他科学家要求两件事：真理和真诚，这是自己和其他科学家都必须严格遵循的。就目前的讨论而言，客观地研究对象经历的变化和状态就是科学本身的样子，而不是科学应成为什么样子，或未来应发展成什么样。那么接下来让我们来谈谈这两条原则。我们简单地谈一下

"大自然可以被理解原则"。它源于米利都学派[1]，即"自然哲学派"。这个学派后来经历了发展变化，但基本保持了原样。它并非完全不受外界的影响，尤其是现代物理学对它产生了巨大的冲击。物理学中，认为大自然缺少严格因果关系的不确定性原则[2]，很可能与它大相径庭，甚至抛弃了它。深入这个话题会更加有趣，但我还是打算将重点放在讨论另一条原则上，即客观性原则。

客观性原则也常被我们称之为对周围"真实世界的假设"。这种说法是一种简化，有助于我们理解自然世界中无限复杂的问题。作为认知主体的我们，被排除在自然界之外，扮演了一个世界旁观者的角色。这个旁观者不属于这个世界，通过这样特殊处理，这个世界就成了一个客观世界。但这种方法也有它的局限性，当在以下两种情况中，这个方法便容易带来混淆。我们通过知觉、感觉及记忆构建出的客观世界里，包含了我们自己的身体，本身就是客观世界的一部分。其次，除自己外，其他人的身体也是客观世界的一部分，他们的身体也与意识领域紧密相连。虽然我没法进入他人的意识领域，但是我对他人的意识领域的真实存在从不怀疑，因此我们应将它们也视为客观事物，也是构成我们周围这个真实世界的一部

---

[1] 米利都学派由泰勒斯创立，代表人物还有阿那克西曼德和阿那克西米尼。他们抛弃了古老的神话传说，泰勒斯是公认的西哲史上第一位哲学家，他认为万物之源为水，水生万物，万物又复归于水；阿那克西曼德认为万物本源是"无限"；阿那克西米尼认为本原应是有定的东西，就是气。

[2] 也叫不确定原理，1927 年由海森伯首先提出。它反映了微观粒子运动的基本规律。位置测定得越准确，动量的测定就越不准确，反之亦然。

分。并且作为主体，我与其他人没有本质区别，且正好相反，我们的意识和目的是相同的。由此可以推理出，我自己本身也是周围这个物质世界的一部分。由此我们的情感——精神世界的产物，也是这个世界的一部分了。逻辑上的混乱，使我们一步步得到错误的结论。我们将逐一指出其中的错误。我先要谈谈这两个最明显的悖论。它们产生的原因，是我们没有认识到除非能够将自己放在这个客观世界以外，使自己成为一个无关的旁观者，才能得到一个差强人意的世界图景。

第一个悖论：世界是无色、冰冷、无声的，色彩、声音、冷热都是人感觉和知觉的产物，既然我们摒弃了个人意识，那么这些元素便不复存在。第二个悖论：我们竭尽全力探索意识与物质的相互作用，却空手而归。查尔斯·谢灵顿爵士[1]在《人与自然》一书中详细阐述了他对这一问题的观点。

构建物质世界的前提，是将我们自己包括意识，排除在物质世界之外，物质世界中没有意识，显然意识是无法作用或被作用于物质世界任何地方的。

为了做更详细的描述，请允许我引用一段卡尔·荣格[2]文章中的

---

[1] Charles Scott Sherrington（1857~1952），英国神经生理学家、组织学家、细菌学家和病理学家，因在生理学和神经系统方面的研究获得1932年诺贝尔生理学或医学奖，1940年出版《人类的本质》。

[2] Carl Gustav Jung（1875~1961），瑞士心理学家，精神分析心理学的代表人物，建立了分析心理学派，创立了荣格人格分析心理学理论，提出"情结"的概念，把人格分为内倾和外倾两种，主张把人格分为意识、个人无意识和集体无意识三层。

文字。荣格的这篇论文虽是在抨击，但观点却与我的相同。我始终认为，将主观意识从客观世界的图景中剔除，是为了得到一幅令人满意的客观世界图景而必须付出的昂贵代价。而对此荣格做了进一步的阐述，他说：

"一切科学皆为心灵的活动，心灵是一切知识的发源地。宇宙中最伟大的奇迹莫过于心灵。客观世界也是在心灵之上建立的，是不可或缺的条件。西方世界（除极少数例外）几乎对心灵的作用毫无认知，这难免让人感到奇怪。认识的主体遇到认知对象时，竟悄然躲至幕后，就像它们在客观世界中不存在一样。"

当然，荣格言之有理，他长期致力于心理学研究，对于这个话题，他明显要比一般的物理学家或生理学家更敏锐。摒弃沿用 2000 多年的观点并非易事，而且带来的价值是有限的。荣格批评了忽视心灵，把心灵排除在客观世界之外的做法。我将进一步补充他的观点，所以需要几个反例。古典物理学和生理学曾认为"科学的世界"已经做到客观了，以至意识与意识的相关感觉没有存在空间。

读者们也许有人记得 A.S. 爱丁顿[①]关于"两张书桌"的论述。一张是客观科学意义上的旧家具，它没有任何感觉的成分，还满是空洞；另一张是熟悉的老家具，爱丁顿坐在这张桌子边上，将手臂放在上面。在这里空旷的空间是其中最大部分，里面有数不清的微

---

① Arthur Stanley Eddington（1882~1944）：英国天文学家、物理学家、数学家，第一个用英语宣讲相对论的科学家，著作有《恒星和原子》《恒星内部结构》《基本理论》等。

粒，这些微粒就是原子核和围绕它旋转的电子。但它们体积微小，彼此之间的间隔很大，有体积的 100000 倍左右。对比了两者之后，爱丁顿总结如下：

"在物理世界中，我们看到的是我们生活的投影。手肘的影子放在影子桌子上，影子墨水在影子纸张上流淌……相信物理学与影子问题有关，这是近几年最为重要的进展之一。"

必须注意的是，获知物理世界的影子特性并不是最近的研究成果，这种观点早已存在，可以追溯到阿布德拉的德谟克里特时代抑或更早。只是我们一直没有太关注而已。19 世纪后半期，采用图画和模型来表述科学概念的方法出现了，而在此之前，我们一直以为研究的是世界本身。

在那以后不久查尔斯·谢灵顿爵士写的《人与自然》出版了。在此书中作者坚持不懈地探讨了物质与精神之间相互作用的客观证据。人们大多认为这样的客观证据并不存在，谢灵顿爵士亦持此看法。但是他仍然为他深信找不到的东西付出了巨大的努力。他在《人与自然》第 357 页，这样总结道：

"意识在我们的物质世界中非常神秘，它能够被任何感知包围，如同无形的鬼魂。它看不见，摸不到，没有形状，也没有'实体'，甚至无法通过感觉来确认。"

我用自己的话来转述这个观点：意识通过自身创造出了哲学家所描述的客观外部世界，意识必须将自身排除才能够完成这一艰巨任务。可见客观世界是不包含它的缔造者的。

想了解谢灵顿不朽著作的读者不妨读一下原著，除了以上的引述外，还有几处更有特色的段落：

"物理科学家使我们面对一个僵局：意识本身不会弹琴，它自己根本连一根手指都无法移动。（第222页）

"于是我们遇到了这样的僵局：那意识是如何作用于物质呢？对此我们一无所知。这种逻辑上的矛盾令人生疑，这难道是错的吗？（第232页）"

和20世纪的实验生理学结论相对，17世纪伟大的哲学家斯宾诺莎的观点是（《伦理学》第三部第2点）：

"身体不能左右意识，意识也不能左右身体，让它去休息运动或进行其他活动（如果有的话）。"

这样看来我们不得不承认这是一个僵局。那么是否表示我们不是自己行为的执行者呢？然而我们依旧要为自己的行为负责，视结果而受到表扬或惩罚。我始终认为当今的科学水平无法解决这个悖论。当今科学挣扎在"排除原则"的陷阱之中，却对其悖论置之不理。当今科学也深受这个悖论影响，意识到这一点很重要，却没有解决方案。要解决这个悖论，科学必须有新的发展，才能重建科学概念。因此我们需谨言慎行。

因此我们要正视以下情况，作为意识器官的感官创造了我们的世界图景，所以每个人的世界图景都是个人意识的产物，而它是否有其他存在我们不得而知。但意识本身在这个它构建的世界之中是陌生的存在，这里没有它的存在空间，所以你根本别想找到它。由于我们总认为人与动物的个性都是身体内部的存在，所以总是忽略以上事实，我们不得不承认这个事实：从人的身体里找不到意识。我们习惯性地认为意识在人的大脑之中，准确说，是在两眼中间往里一两英寸的地方。那里会因环境的不同使人感到理解、爱、温暖、怀疑或者愤怒。眼睛是一个完全被动的感觉器官，我们一直没有注意到它被动接受的特性，相反我们愿意认为眼睛是释放视线的，而不是被动地接收光线，等待光线照射到眼睛里。漫画里就经常有这种用虚线勾勒成的视线，从眼睛里画出一条虚线，末端指向有箭头，指向人物看的方向。有时你还能从一些陈旧的光学仪器或光学定律的草图中看到这种图案。亲爱的读者们，尤其是女性读者们请想一想，当你送一件新玩具给孩子的时候，孩子的目光变得明亮而愉快。而物理学家却告诉你孩子的眼睛里并没有光芒，实际上眼睛只有一个客观能观测到的功能：持续不断地接收光线。这究竟是怎么回事呢？是否有我们未发现的状况？

实际上将人格与意识看作是人体内的存在，这只是一种辅助手段，为了便于实际应用。让我们运用已有的知识来看看体内究竟是何种情况。在身体内部展现的是极其复杂的繁忙景象，如同一台精良的机器，无数分工极其专业化的细胞以异常复杂的方式排列。很显然，这种排列方式有利于细胞进行沟通与合作，意义深远，技术高超。成千上万细胞之间的联系，在有规律的电脉冲冲击下不断改变着形态，每秒都有成千上万的接触在打开或闭合，产生一系列的化学变化或其他可能未知的变化。这些情况是我们已了解的。随着生理学的发展，我们无疑会了解更多。现在我们假设通过某种方式观察到大脑传出的脉冲电流，它们凭借长长的细胞突触传导到了手臂的某些肌肉里。因此，在离别的情境中，你艰难地举起手做出挥别的手势，而此时你会发现另一些脉冲电流刺激泪腺分泌，使你的眼睛被眼泪蒙上。但可以确定的是无论生理学达到多高的水平，在整个告别过程中，你都不可能从眼睛、手臂肌肉、泪腺及中枢神经中找到性格特性，也看不到痛苦和忧伤。尽管你能够体验到它们是真实存在的，但你却看不到它们。通过生理学分析我们更加了解别人，如身边亲密的朋友。这些推论让我想起爱伦·坡[1]著名的小说《红色死亡假面舞会》。讲的是一位王子和他的仆人为了躲避"红死病"的肆虐来到了一个地处偏远的城堡里，隐居了一星期后，他们在城堡中举行了一个化装舞会。舞会上出现了一个一身红衣、头带面纱的身影，引人注目。红色是"红死病"的象征，舞会让人人自危，这身行头的主人被怀疑是不请自来的入侵者。最后，一个勇敢的青年接近"他"时扯下了"他"的面纱和帽子，人们却发现里

---

[1] Edgar Allan Poe（1809～1849）：生于马萨诸塞州的波士顿，19世纪美国诗人、小说家和文学评论家，倡导"为艺术而艺术"，宣扬唯美主义、神秘主义。小说有《怪诞故事集》《黑猫》《毛格街血案》等等，被誉为"侦探小说的鼻祖"。

面什么都没有。

我们的大脑中并非空无一物，那里有你珍藏的很多感兴趣的东西，但与我们的生命和情感却不能相提并论。刚开始意识到这一点时会感到难过，而我细想之下，却认为这是一种慰藉。比如当你思念逝去的挚友时，你发现虽然他的身体承载着思想，人格却并未随之消失，这难道不是一种宽慰吗？

当前流行的量子物理学说强调了主观与客观的观点，这个学派的代表人物有尼尔斯·玻尔①、维尔纳·海森堡②、马克斯·玻恩③等人。他们的观点可以用来对前面所述进行补充，我先简单概述一下他们的观点：

我们能够通过"接触"某个自然物体并对其作出客观的描述，这种接触是真正意义上的相互作用。人看东西就不但要有光照射到物体上，人的眼睛或观测仪器需要反射光映射到眼睛里才能看清。研究对象实际上会受到观测条件的影响，你没法将它们完全孤立，否则将没法获得信息。这个观点推断，干扰的存在不是全然无关的，又不能被完全探测到。所以，即使我们进行更多的观测，总能得到

---

① Niels Henrik David Bohr(1885～1962)：丹麦物理学家，获得丹麦皇家科学文学院金质奖章，1922年获得诺贝尔物理学奖。玻尔发展出原子的玻尔模型，是哥本哈根学派的创始人，对20世纪物理学的发展有深远的影响。

② Werner Karl Heisenberg（1901～1976）：出生于德国的维尔茨堡，德国著名物理学家，量子力学的主要创始人，哥本哈根学派的代表人物，1932年获得诺贝尔物理学奖。他完成了核反应堆理论，作品《量子论的物理学基础》是量子力学领域的一部经典著作。

③ Max Born（1882～1970）：德国犹太裔理论物理学家，是量子力学的创始人之一，创立矩阵力学和对薛定谔的波函数做出统计解释，1954年获得诺贝尔物理学奖。

一些信息，却也总有一些是我们观察不到、没法准确描述的。这就是为什么，我们永远无法对物体做出全面完整的描述。

假如这个观点是正确的，那么它与大自然的可理解性相矛盾吗？其实这不是非难，从一开始我就讲过，我提出的科学的两个原则不是为了约束科学，只是为了表达几个千年来物理科学所遵循的原则，和其中一些无法改变之事。我个人认为我们现在拥有的知识尚不足以改变这些原则。我们或许可以将物理模型修改成任何情况下，都不会出现无法被同时观测的特性。这样的模型并不擅长处理同时产生的特性，而显示出对环境变化较强的适应性。由于这是个物理学内部的问题，我们在此不做详细的解答了。测量仪器一定会对观测对象产生干扰，且干扰无法被检测到，从而揭示了主观和客观的本质关系。物理学的最新发现已进一步推进了主观与客观的神秘分界线。同时我们发现这个分界线并不明显，它显示对物体的观测受到被观测对象和我们观测行为的影响。由于对观测方法的改进和对实验结果的思考，这种主观与客观的分界线已被打破了。

为了判断这些观点是否正确，让我们像许多古代与近代的思想家一样，先接受这种主客观泾渭分明的观点。从阿布德拉的德谟克里特到哥尼斯堡的康德，在接受这个观点的哲学家中，几乎所有人都强调了个体的感觉、知觉和观察，具有强烈的个人主观色彩，却未显现出"物自体"的本质。我们永远无法得知"物自体"究竟是什么。虽然我们一些思想家认为，人们或多或少地误解了"物自体"，康德却让我们彻底放弃了理解"物自体"的努力。所以认为一切现象都具有主观性的观点由来已久，现在有了新的进展：我们的感官的特性和偶然性决定了我们对环境的印象，反之环境也因我们的观察设备在不断地改变。

这在某种程度上可以说是对的。根据最新的量子物理学法则，或许我们不能把这种影响降低到特定的限度，但我还是不想将其称为主体对客体的直接影响。主体往往指的是知觉思维，它们都不是"能量世界"里的元素，正如斯宾诺莎和查尔斯·谢灵顿爵士所言，它们不能使能量世界产生任何变化。

主观与客观之间存在泾渭分明的区别的观点，是继承下来的古老观念。虽然在日常生活中，我们"为了实际的参照"而接受它，但在哲学思考中应该摒弃这种思想。深邃又空洞的"物自体"概念，是我们永远无法探究的，康德的哲学理论揭示了这个严密的逻辑关系。

我的意识与意识中的世界是由相同元素组成的。同理，其他个体的意识与意识世界之间虽然存在大量相互参照的情况，但它们之间的组成元素大同小异。我的世界只有一个，它是主观和客观合为一体的，而不是主观与客观相互分离的。尽管现在的物理学实验表明主客观之间存在分界线，但主客体依然是同一个世界，它们之间的界限实际并不存在。

第四章

算术上的悖论：意识的单一性

在众多的科学世界图景中，为什么找不到自我的知觉、感觉和思维呢？原因很简单：它们就是那幅图景本身。正因自我与世界实为一体，当然不能在部分中找到整体。但是很明显这里存在一个算术上的悖论：意识的自我有千万个，而世界仅此一个。这个矛盾产生于创造世界概念的形式。人们的个体意识会有一些地方存在相同的信息。我们周围的真实世界正是由无数这样相同的意识构成。但我们依然会因此而不安，你的世界与我的世界真的是一样的吗？有没有一个更为真实的世界，它不是通过人的感官的内部投射而得到的世界呢？假如真的存在，那么我们的世界图景与这个真实世界一样吗？还是真实世界本身与我们所感知到的大不相同？

这些问题标新立异，却又具有很强的迷惑性。原因有两个：第一，这些问题没有明确的答案；第二，它们会引发算术悖论，即无数个意识自我如何通过精神体验缔造出一个真实的世界。如果这个算术悖论得到解决，其他问题都能迎刃而解了，包括那些虚拟问题。

有两种方法可以解决这个算术悖论。不过从现代科学的角度来看这种这两种方法都行不通。一种方法是莱布尼茨[①]提出的单子学说中的多重世界。令人感到恐怖的是，每个单子自身就是一个世界，它们之间相互独立，毫无关联，这些单子"没有窗户"，等于是被"单独监禁"了，但是单子可以通过"预先建立的和谐"而相互统一。对于这个观点，我认为不会有太多人赞同，它也并未解决算术上的矛盾。

还有一种解决方法是意识和感觉的统一。多重意识只是表面现象而已，实际上它们是一个意识。这是《奥义书》的主要观点。《奥义书》不光持有这种观点，它对人神合一的体验都是类似的态度，除非存在强烈的反对意见。我举一个《奥义书》之外的例子，是一则 13 世纪伊斯兰波斯神话，内容是我从弗里茨·迈尔的文章中找到的，我将它从德文译稿中翻译过来：

"一切生命体死亡以后，身体将留在物质世界之中，而灵魂则回归到灵魂的世界。但是死亡的过程中只有身体发生了变化，而灵魂的世界里灵魂是唯一的存在，它如同物质世界背后的一盏灯，在一个新生命诞生之际，灵魂像阳光穿过窗户一样照进了人的身体。窗户的种类与大小，决定了会有多少光照进世界里来，但光本身却不会发生变化。"

---

① Gottfried Wilhelm Leibniz（1646～1716）：德国哲学家、数学家，历史上少见的通才，被誉为 17 世纪的亚里士多德，德国观念论的奠基者。莱布尼茨发明并完善了二进制，与牛顿先后独立发现了微积分，他和笛卡儿、巴鲁赫·斯宾诺莎被认为是 17 世纪三位最伟大的理性主义哲学家。

十年前，奥尔德斯·赫胥黎 ① 出版了一部名为《永恒》的哲学著作，在这部珍贵的作品中，作者收集了多个时代和民族的神话。翻开它你会看到许多美妙的故事，尽管不同种族和宗教的故事发生的年代相隔甚远，且位于不同的地理位置，在空间上甚至处于地球不同的地方。但其中有许多神话存在相似甚至一致的地方，这实在让人感到惊讶。

　　然而不得不说，这个学说对西方思想毫无吸引力，被认为是荒谬和不科学的。由于现代科学源于古希腊科学，是以客观性为基础的，所以无法正确理解作为认知主体的精神活动。对认知主体或精神活动探索的改进，或许可以从东方思想那里借鉴一些，这并非易事。我们在汲取营养的时候也要注意，要像输血一样，防止错用血浆而导致凝血。我们不想失去科学思想与意识的精确逻辑，因为这是之前任何时代都无法比拟的。

　　不过，神秘的意识同一学说，和莱布尼茨那令人生畏的单子论相反，还是有可取之处的。意识的一致性是同一性学说的基本观点。从实际情况来看，人们的意识并不是多重意识，而是以单数形式出现的，并且从未有任何相关证据证明世界其他地方存在过多重意识。假设一个人的大脑中并不存在超越原有意识的新意识，这似乎是一句毫无意义的重复，因为我们根本想象不出相反的情况。

---

① Aldous Huxley（1894-1963）：英国小说家、诗人，《天演论》的作者托马斯·赫胥黎之孙。因小说和大量散文作品闻名于世，1932 年创作的《美丽新世界》。

但是一旦这种令人无法想象的事情真的发生，我们便会期盼它能在某些情况或场合中出现。在此我想引用查尔斯·谢灵顿爵士的发现来证实我的论点，并对其中的细节进行深入探讨。谢灵顿爵士是一位极具天赋的科学家，虽然他天资过人却沉着冷静，这是非常少见的。据我所知，他对《奥义书》中的哲学观点并不持有任何偏见。为了使同一学说和我们自己的科学世界观在未来能够融合，并且不丢失原有逻辑上的精确和理智，我想再次做一番深入的讨论来扫清障碍。

我在上文中提到过，我们根本无法想象，同一个人的大脑中会出现多重意识。我们可以谈论多重意识，但是这并不会改变任何思维体验，即使是病理学上患有人格分裂症的人，两个人格也是交替出现的，它们不会同时出现在一个意识当中。所以分裂人格的特征之一，就是两个人格完全不知道对方的存在。我们的梦境就像是一场木偶戏，我们转动手里的绳子来控制角色的言行，但我们并没有意识到我们在这样做。在众多的角色之中，只有一个是我们自己可以直接控制的，我们通过他一边表演一边回应。同时我们还渴望得到梦境中其他人的回应，不管他们有没有可能满足我们的要求。梦境中的这些角色，很可能代表了在现实生活中遇到的困难和阻碍，实际上我并不能指挥他们按照我的意思行事。我这里所描述的奇怪现象，刚好可以解释许多人——尤其是老人——坚信他们在梦中真的能够与见过的人进行交谈，无论这些人是否还健在，也不管他们是英雄还是神。这种体验太过真实而导致它成为根深蒂固的迷信。早在公元前6世纪，爱菲斯的赫拉克利特①就立场坚定地反对这种迷信观点。尽管这种观点鲜明的论述在那个时代十分少见。令人意想不到的是，在公元前1世纪，另一个自诩思想开明的倡导者卢克莱修·卡鲁斯②，却依然相信这种迷信。在如今这个时代中，还相信这种迷信的人很少见了，但不一定不存在。

下面我们来讨论另一个话题。比如，我的大脑中存在的意识是唯一的，那么我身体中的部分细胞的意识是怎样合成这唯一意识的呢？另外，在人的生命当中意识又是怎样时刻都体现出细胞活动的结果呢？这简直无法理解。有人认为，既然"细胞联合体"构成了人的整体意识，那么"细胞联合体"正好体现了意识的多重性。"联合体"与"细胞团"在如今已不仅仅是修辞手法了。我们看谢灵顿的观点：

"值得一提的是，我们身体中的每一个细胞都是以自我为中心的生命个体。这样的宣言不仅仅是为了便于描述。作为人身体的组成部分，细胞不仅是一个个独立的个体，而且是以自己为中心的生命有机体。它有自己的生存方式……每个细胞都是一个独立的生命，

---

① Heraclitos（约前540～约前480与470年间）：出生在伊奥尼亚地区的爱菲斯城邦，古希腊哲学家，是爱菲斯学派的创始人。他认为世界是包括一切的整体，是永恒的活火，万物都处在不断的变化之中。持有辩证法思想，被列宁称为"辩证法的奠基人之一"，著有《论自然》。
② Titus Lucretius Carus（约前99年～约前55年）：古罗马诗人、哲学家，继承古代原子学说，认为物质的存在是永恒的，提出了"无物能由无中生，无物能归于无"的唯物主义观点。以哲理长诗《物性论》著称于世。

我们的生命正是由千千万万这样有生命的细胞组成的生命统一体。"

这个话题还可以深入下去。据大脑病理学和生理学对感知的研究显示，感觉中枢可以划分为不同的区域，且彼此独立。这种独立性影响深远，希望在这令人惊讶的独立性背后，能够找到思维与这些区域之间相对应的关系。然而这种关系并不存在。我举一个典型的例子，你在看远处的景物时，先用双眼看一遍，然后依次闭上左眼用右眼看，再闭上右眼用左眼看，结果发现每次看到的景象都没什么差别。这三种情况下，视觉景象都完全相同，从表面上看，是因为视网膜相关区域的末梢神经把刺激信息传回到大脑的同一个信息处理中心，这是大脑产生感觉的地方，所以造成视觉景象相同。这就像是我按我家大门口的按钮，或妻子卧室的按钮，厨房的铃都会响起。这样解释看似简单易理解，却是错误的。

谢灵顿做过一个频闪阈值实验，非常有趣。我尽可能简短地描述一下。设想实验室中建有一座小型灯塔，这个灯塔每秒闪烁很多次：40 次，60 次，80 次，或者 100 次。当闪烁的频率到达一个固定的数值时，肉眼看不见闪烁了。这个频闪阈值由当时进行实验的条件决定。闪烁消失后，我们的双眼会看到连续的光。假定阈值是每秒 60 次，我们来接着做第二个实验。其他条件都不变，只增加一个装置的使用。这个装置使你的右眼只能看到第二次闪烁，而左眼只能看到第一次闪烁，这样平均每只眼睛每秒只接收到 30 次闪烁。如果这两种视觉刺激都被传导到同一个生理中心，那么两次的实验结果是相同的。就像我每 2 秒按一次门铃按钮，妻子按卧室的，两交替进行，那么厨房的门铃每秒就会响一次。这与我们只有一个人，以每秒一次的速度按门铃按钮或我们两人同步每秒按一次门铃按钮的效果相同。然而第二个频闪的实验结果却不是这样。左眼看到每秒 30 次的闪光，和右眼看到每秒 30 次的闪光加在一起，还不足以消除闪烁的感觉。倘若将闪烁的频率提高一倍，即左右眼都看到每秒 60 次闪光，闪烁的感觉才能消除。谢灵顿对此做了总结：

"合并两个实验结果并不是由大脑机制的空间连接完成的，它更像是两个观察者的意识合二为一。就像是左右眼各自处理完信息，然后将它们组合成一个感觉……仿佛每只眼睛都有独立的感觉中枢，基于一只眼睛的精神活动与发展具备全面的感知水平。这种在生理上形成的视觉次级大脑，一个是左眼的，另一个是右眼的，它的运动机制不是结构上的联合，而是同时作用使左右眼在思维上实现了良好的协作。"

接下来他进行了深入的思考。我选摘要点如下：

"那么这种与各类感觉相联系的独立的次级大脑是否存在呢？在大脑顶层中，'五'种感觉各自独立，在各自的区域中并未融合为一体或通过更高的机制作用而融合。近似独立的意识在什么情况下合成的集合体呢？同时感受到的体验决定了它们大范围的心理和集合。在意识问题中，神经系统并不是通过把控制权集中到中枢细胞上来整合自身的。相反，神经系统分布在百万计的细胞单元中。

这些次级生命单元合成了生命整体，具有累加性，表明它是由众多微小生命共同作用的产物。然而，当我们想要细细观察意识时，却根本找不到一点点这种特性。单个神经细胞并不是一个微型大脑，意识对于身体的细胞结构来说，没有什么意义。与大脑顶层大量的细胞相比，单个中枢脑细胞并不能保证意识的反应更加统一，更具有非原子的特性。意识与物质和能量甚至生命都不一样，它不是由微粒组成的。"

我选择的是给我深刻印象的片段。谢灵顿用坦率而诚恳的态度努力去解决这个悖论，虽然被困扰却始终没有搪塞或试图隐瞒。得到结论时，会直截了当地向大众公布。在他看来，这样的做法有利于科学或哲学问题的解决，而倘若用动听的言辞去掩饰问题的真相，反而不利于解决问题。那样做是在制造障碍阻止进步，使得问题长期存在。谢灵顿所提到的悖论也是算术上的悖论，抑或是数字悖论。与我在本章中提到的悖论有相同之处，但又并非一模一样。我之前提到的悖论是许多意识汇聚而成一个世界。而谢灵顿的悖论是众多生命细胞或者很多的次级大脑组成了一个意识，而每个次级大脑都是自主独立的，使我们认为可以将它与次级意识关联起来。但是我们又非常清楚次级意识和多重意识在本质上是相同的，它们不但从来没有人体验过，在意识中也是令人难以想象的。

倘若可以将西方的科学精神与东方的同一学说融合在一起，有人认为有望解决这两个悖论。意识本身是单一性的，它的本质决定了它只能是单数。而对于意识来说，不存在什么过去和将来，意识的产生总是现在时，只有包含记忆和期望在内的当下。用语言恐怕难以说清这一点，或许你会认为我在谈论宗教而不是科学，但这种宗教竟然是不违背科学的宗教，相反它得到了客观公正的科学研究成果的支持。

谢灵顿说：人类的意识是我们地球最近的产物。

我赞同谢灵顿这个观点，但若去掉"人类"二字，我就不赞同了。之前我们讨论过这个问题，许多古老的生物并没有大脑，只有产生特殊生理学器官独立反映世界的意识相互联接，意识才会出现。这种生物学结构显然指挥着生物的行动，以促进这些生命形式并维持它们的存在，同时使它们不断繁殖。这是后出现的生命形式，之前许多生命并不通过大脑来维持自身存在。在拥有大脑之前，世界的一切都是清空的吗？那么这样一个无人思考过的世界能称为世界吗？假设一位考古学家计划重建一座消失已久的城市时，那个时代生活在那里的人们的生活、感情、思想、行为举止都会让人感兴趣。但这个世界存在了百万年之久，却没有人意识到、观察过这个世界，那是不是可以说这个世界什么都不是呢？它真的存在过吗？我们曾说过有一点不可忽视，有感知的意识可以反映世界的图景。这不过是一种陈词滥调而已，没有任何事物被反映，世界只出现过一次，原物和其镜像是同一件事，在时间与空间上延

伸的世界，只是我们的表象。正如贝克莱①所说，人的经验只能给出感
知范围以内的事物，一旦超出这个范围，它便无法提供一丝线索。

但是这个虚构的世界在它存在的数百万年里竟然机缘巧合地创
造了大脑。大脑将世界视为一个悲剧性的延续。我再次引用谢灵顿
的话来描述它：

"我们知道宇宙的能量正在走向消耗殆尽。宇宙总体向一个平
稳状态发展，平衡之下便是终点。因为平衡状态下没有生命能够存
活。然而生命并未因此停止进化。我们的地球不断进化着生命，而
且将继续进化下去。意识也会随生命不断进化，如果意识不是能量
系统，那么它怎么会受到宇宙毁灭的影响呢？如果能量世界持续衰
退，意识能否度过这场劫难呢？据我们目前所知，意识活动需要依
附于能量系统存在，当能量世界停止运行，意识活动将会怎样呢？
创造并经营着意识的宇宙会让它消失吗？"

以上的思考确实会令人不安。意识所扮演的这种双重角色令我
们感到困惑。一方面，意识是个舞台，是世界所有剧目上演的唯一
舞台。或者说意识是个容器，包含着整个世界，之外没有任何其他
物质。另一方面我们的意识在繁忙的世界中得到的各种印象，也可
能是不真实的，意识只是与某种特殊器官（大脑）相连。虽然大脑

---

① George Berkeley（1685 ~ 1753）：出生于爱尔兰基尔肯尼，18 世纪最著名的哲学家、近代
经验主义的重要代表之一，开创了主观唯心主义，以对抽象的批判而闻名，并对后世的经验主
义的发展起到了重要影响。

毫无疑问是最有意思的研究对象，但在动植物生理学中并非独一无二的。因为大脑与其他器官一样，也是为维持人的生命而服务的。也正因如此，它会在物种经历自然选择中形成，并为维持物种生存不断得到进化。

有时画家或诗人会在他们的作品中，刻画一个真实的配角。这个配角就是他们自己。史诗《奥德赛》中的盲人歌手就是作者自己的形象。歌手唱起特洛伊战争的歌曲，使这位饱受苦难的英雄在费阿刻斯人的大殿里泪流满面。同样的在《尼伯龙根之歌》中，一位诗人出现在他们穿越奥地利时，这位诗人被认为是史诗的作者。在丢勒①的那副《万圣图》②中，云端之上的是上帝，信徒则在他周围围了两圈，他们在做祷告。信徒里圈是天堂中的天神，外圈是地球上的凡人，其中有国王、皇帝、教皇们。如果我没猜错的话，人群边缘还有一个小人物，是画家的自画像。画家会以次要的小人物出现在外圈，而不在主画面中。

我认为这是对意识双重角色的最佳解释和比喻。一方面，意识是创造整个艺术品的画家；另一方面，意识又是个不重要的附属品，因为在画作中没有它整体也不会有任何影响。

如果不采用比喻，我们就只好去面对躲避不了的一个典型悖论，

---

① Albrecht Dürer（1471～1528）：生于纽伦堡，德国画家、版画家、木版画设计家。他最伟大的成就之一是水彩风景画，以版画最具影响力，是最出色的木刻版画和铜版画家之一。主要作品有《启示录》《基督大难》《小受难》《祈祷之手》等等。
② 《礼拜三位一体》（万圣图）是一幅人物众多的宗教题材类似意大利的教堂壁画。

由于我们还找不到一种不依赖自身意识又能成功理解世界的方法，以便不把意识这个世界图景的创造者包含在内。显然只要把意识加入，其中就会产生奇怪的悖论。

我们在前面讲过，物理世界的图景当中出于同样的原因也缺乏形成认知主体的感觉特征，它是无色无味，也触摸不到的。同样的，科学世界也是如此，以同样的方式和同样的原因，缺少了和意识认知主体相关的所有有意义的联系。我指的不仅是伦理和美学观念，还有所有那些与它们有关的价值观念。正因这些观念的缺失，从纯粹科学的角度看，科学无法被有机地介入。假如有人试图将这些缺失的观念添加进去，就会像一个孩子在给无色的图画抹上颜色一样别扭。这往往是由于被硬加入这个世界的观念，不论你是否愿意它们都以科学的面貌自居，从而导致了上述那样的错误。

生命是宝贵的，阿尔贝特·史怀哲[①]认为，尊重生命是伦理学的基本戒律。然而，大自然对生命却没有恭敬之心。大自然虽然创造了生命，但它们大部分很快就消失了，或成为其他生命的猎物。生存艰难决定了它们必须成千上万地繁衍后代，这正好是造物主不断创造新生命形式的原因。史怀哲认为"不要折磨，不要使其受苦"，而大自然却全然不顾。各种生物在无休止的争斗中相互残杀、折磨。

---

① Albert Schweitzer（1875.1～1965.9）：生于阿尔萨斯（当时隶属德国），他是一位通才，成就卓越的世纪伟人，富于献身的精神使他成为世界上最受人敬佩的人物之一；具备哲学、医学、神学、音乐四种不同领域的才华，1952 年获诺贝尔和平奖。

"事物本无好坏、优劣之分，当人有了思考才产生了。"任何自然现象均无好坏、美丑之分，因为不存在价值观，事物的意义和结果也就不存在了。可见大自然的一切行为是毫无目的性的，我们文中说过生物能有目的地适应环境，我们明白这不仅是为了方便表达。仅按字面意义去理解目的性是错的，因为这个讨论是按照勾勒世界框架进行的，而世界图景中只有因果关系。

世界存在的意义是什么？科学研究对此始终保持沉默，这是个令我们最痛心的问题，我们越是关注它越显得愚蠢而毫无头绪。显然，世界万物正因有了能够审视它们的意识才有意义。然而科学却告诉我们，这种联系是荒谬的。意识只是由正在观察的世界产生的，如果太阳燃尽，地球便会被冰雪覆盖，而意识则会随世界一同消亡。

请让我在本章后面提一下无神论。科学无时无刻不在遭受这种责难，尽管它有失公允。在依靠排除所有个人的东西才能被理解的世界模型中，不存在任何神灵。假如这个模型能被人们接受，那么它必定是以不包含任何个人的东西为代价的。假如人们能够直接体验到上帝的话，就会和人直接的感觉那样真实。和感觉一样，世界图景中根本找不到上帝的影子，自然主义会告诉你，在这个世界所处的时空当中没有上帝。《圣经》中的名言：上帝即圣灵！因此这个自然主义者必会饱受责难。

第五章

科学与宗教

科学是否能够回答宗教长久存在的一些问题？那些一度困扰着人类的问题，时常引发巨大的争议。科学研究成果是否能帮助我们获得合理而满意的回答？我在这里指的问题是"另一个世界""来世"等相关问题。我们之中的一些年轻人只好把这些问题搁置起来；另一些人在垂暮之年，因为苦苦求索而得不到答案只好放弃；还有一些人一生都饱受这些问题的困扰，怀着恐惧的心情却找不到答案。而我提出这些问题并不是想要去解答，思考怎样回答这些问题是我们中的许多人无法回避的，因此科学是否能为回答这些问题提供帮助或有用的信息尤为重要。虽然这是一个比那些问题简单得多的问题。

　　科学不费吹灰之力地通过古老的方式做到了。我曾对一些旧时代的世界地图和印刷品着迷，上面印着天堂和地狱，前者高高地飘在云端，后者则深入地下，它们与后来丢勒著名的《万圣图》不同，这种表现方法，并不只是预言，而是那个时代广为流传的原始信仰。如今的教堂，不再机械地要求用这种方式解读教义，至少不再鼓励这种方式。这种进步说明了我们对赖以生存的地球内部有了一定的认识，尽管所知甚少，但对火山的本质、大气的组成、太阳系的历史以及星系和宇宙的结构有了深入的了解。有一定文化知识的人，即使相信虚构的宗教事物存在，也只会赋予它们精神地位，不会在科学普及的领域去探寻，更不要说科学未探索到的领域了。我相信就算科学研究无法探究的那些地方，也不会有宗教存在。我的意思并不是说对笃信宗教的人士一定要等到上述科学事实被发现以后，再去启蒙他们的思想，但科学发现对消除人们对宗教教义的迷信大有帮助。

这些不过是些粗浅的看法，还有些更有意思的问题，比如哲学三问：我是谁？我从哪里来？我将要去哪里？科学给予我们最大的帮助就是对时间的逐步理念化。说时间被理念化，我们不得不提涉猎过这个问题的人——柏拉图①、康德和爱因斯坦，除此之外，还有很多非科学家如希波的奥古斯丁②和波伊提乌③。

柏拉图和康德还涉猎科学以外的领域，他们对科学的浓厚兴趣，使他们对哲学问题产生了兴趣。对柏拉图来说，数学和几何学都是他的兴趣所在。然而是什么使柏拉图思想的光辉在2000多年后仍然闪耀呢？究竟是什么使他声名显赫、独树一帜呢？众所周知，柏拉图并未发现什么数学或几何图形的原理，而他对物质世界和生命的

---

① Plato（前427~前347）：古希腊伟大的哲学家，西方客观唯心主义哲学的始祖，与苏格拉底、亚里士多德并称为希腊三贤。柏拉图提出"理念论"，认为世界由"理念世界"和"现象世界"组成。理念的世界是真实的存在，永恒不变。
② A.Augustinus（354~430）：出生于北非的塔加斯特，著名的神学家、哲学家。思想影响了西方哲学的发展和整个西方基督教会。作品有《论上帝之城》《基督教要旨》和《忏悔录》。
③ A.M.S.Boethius（约480~524）：欧洲中世纪哲学家，一位罕见的百科全书式思想家，在逻辑学、哲学、神学、数学、文学和音乐等方面贡献巨大，被誉为"奥古斯丁之后最伟大的拉丁教父"，代表作《哲学的慰藉》。

看法也没有那些年代的人高明（从泰勒斯^①到德谟克里特）；而对大自然的了解，他的学生亚里士多德和泰奥弗拉斯托斯也超越了他，除了他忠实的追随者外，其他人都觉得他冗长繁杂的谈话都像是一种诡辩。他在谈话中并不是在给词下定义，而是在一遍遍地重复这个词，似乎这样会使词义出现。他致力于推行乌托邦的社会和政治，最后不但失败了，还使他不断陷入危局。在今天，也不会有多少人支持他。而支持他的人差不多都和他的经历相同，体验到了惨败。那么究竟是什么，使他而不是别人获得了如此高的声望呢？

我强调一点，柏拉图是首个设想永恒理念的人，并强调永恒存在比人们的实践经验更具有真实性。永恒的世界是我们所有经验的来源，经验只是永恒世界的影子。因此柏拉图成了一个形式理论的创始者，这个形式理论是如何产生的呢？毋庸置疑，巴门尼德^②和埃利亚学派很大程度上给了柏拉图启发。很显然柏拉图继承了他们的哲学思想又为他们的哲学增添了活力。正如柏拉图所比喻的那样，学习的本质不是发现新的真理，而是回忆本就潜在、本就存在的真理。只是在柏拉图那里巴门尼德那永恒不变、无所不在的"一"，演变成了更为强大、有力的思想，即理念论。虽然这个理论有很丰

---

① Thales（约前 624~ 前 547）：出生于爱奥尼亚的米利都城，是古希腊时期的思想家、科学家、哲学家，古希腊最早的哲学学派米利都学派的创始人。他第一个提出"世界的本原是什么？"认为"万物起源于水，又复归于水。"被称为"哲学史第一人""希腊七贤之一"。
② Parmenides（约前 515 ~ 约前 445）：出生在埃利亚，古希腊哲学家，埃利亚学派的创始人。认为感性世界变动不居，世间的一切变化都是虚幻，人不能凭感官来认识真实。他第一次提出了"思想与存在是同一的"命题。代表作哲学诗《论自然》。

富的想象力，但仍很神秘。在柏拉图之前的圣贤，比如毕达哥拉斯学派，以及在他之后的很多人都有非常真实的体验，他们崇拜、敬畏数字和几何图像所带来的启示。毫无疑问，这些启示对柏拉图产生了巨大的影响。他认识到这些发现的本质后，被深深吸引着。人们通过纯粹的逻辑推理了解这些观点的真实性，这使我们发现从中获得的真理无懈可击，而且经久不变。无论我们用什么方法，数学关系并不因时间的推移而发生改变，数学上的真理不是我们发现这种关系后才产生的。然而，发现了数学真理毕竟是一件非同寻常的事，那种兴奋的心情，就好像它是神仙送来的宝贵礼物。

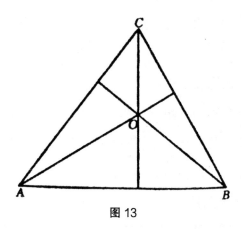

图 13

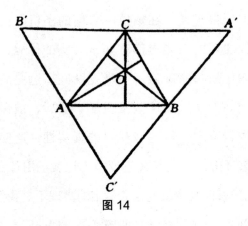

图 14

举个例子。三角形 ABC 的三条高相交于 O 点，如图 13 所示。（高指的是三角形顶点到对边或它的延长线上的垂线。）刚开始时我们并不明白它们为什么能相交，其他任意三条线虽然能构成三角形，但为什么它们不会相交于一点呢？现在从三角形的每个顶点做对边的平行线，就构成了一个更大的三角形 $A'B'C'$，如图 14 所示。图中就有了四个全等的三角形。在这个大三角形中，三角形 ABC 的三条高成了大三角形 $A'B'C'$ 三条边的中垂线，即"对称线"。C 点做的垂线一定包含了所有到 $A'B'$ 等距离点；B 做的垂线一定包含了所有到 A'，C' 等距离的点。这两条垂线相交的点 O 到三个顶点 A'，B'，C' 的距离相等，因此它一定也落在从点 A 引出的垂线上。因为这条垂线上的点与 B'，C' 的距离都相等。证毕！

除了 1 和 2，每个整数都是夹在两个质数之间的"中间数"，或是两个质数的算术平均值。例如：

8=（5+11）/2=（3+13）/2

17=（3+31）/2=（29+5）/2=（23+11）/2

20=（11+29）/2=（3+37）/2

正如人们所见，上面的等式，通常不止有一个解。这就是哥德巴赫猜想。

使连续的奇数相加，你总是可以得到一个平方数，从 1 开始，1，1+3=4，1+3+5=9，1+3+5+7=16 等。事实上，你这样相加下去总是会得到加数个数的平方。为了证明这个关系的普遍性，你可以把中位数等距离的每组被加数（第一个与最末一个，第二个与倒数第二个）的和换成其算术平均值的和。这个算术平均值显然等于求和数字的总数，于是上面最后一个例子就成了：

4+4+4+4=4×4

现在我们再来谈康德，如今他的时空理念化的观点也不是新发现了，因为这个观点是他学说最基础的部分，抑或是基础之一。和他的其他观点一样，时空理念化无法被证明也不能被证伪。但这并不意味着它毫无吸引力，有许多人对此非常感兴趣。康德发现时间上事物发生的"先后"顺序和空间上的延展，并不是我们所看到的世界的属性，而是我们的感性意识的先天属性。人类的感性意识总是不由自主地将时间和空间作为坐标系来记录期间发生的事。然而，这并不代表着意识可以脱离经验来理解这些事物的秩序，而是在事情发生时，意识根据经验在事物秩序中不断地发展，且意识的发展是不自觉进行的。值得一提的是，刚才的这些论述不能证明时空包含在"物自体"的秩序体系中。然而，有些人却认为人们的经验都来自"物自体"。

我们可以举个例子进行证明。认知和引起认知的物质，没有人能够明显区分开，因为虽然得到了许多关于事物的知识，但这个事物仅仅发生过一次而已，绝不重复。出现再现的情况，是在与其他人或动物的交流中，这种情况下他们的认知和我们的极其相似，只是视角上会产生细微的差别。比如字面意义上的"思维投射点"的差异。但是就像大多数人认为的那样，假如对于这种体验迫使我们不得不将客观世界作为感知的来源，那么我们该如何判断我们体验的共性究竟是源于思维结构呢，还是源于客观事物间共同的特性呢？显然我们对事物的认识来自我们对世界的感知，这个客观世界只是一个假设，无论它看上去有多么自然。假如我们接纳这一假设，却把我们感知到的一切特征都归因于我们自身以外的客观世界，这岂不是最不自然的事情吗？

康德思想最重要的意义，不是在意识创造世界过程中区分意识和它所反映的世界，因为刚才我们已经认识到意识和世界很难区分开来，单一的意识或世界可能有其他表现形式，无法通过时空观念去把握，而我们并没有体察这种形式的方法。

这就意味着，我们不必再受旧观念的束缚，因为除了时空，事物还有其他存在的秩序。我们认为叔本华是第一个领悟到康德这层深意的人。这就为宗教信仰创造了更多自由的空间，使宗教不必总和人们认同的世界的经验与朴素的思想所得到的确定的事实，做无谓的争执。例如，经验告诉我们，我们的肉体和经验不可分割，一旦身体死亡经验便不复存在。那么我们死亡，以后还会有来生吗？答案是没有！必须要在时空的维度上获取的经验，当身体死亡以后就不存在了。因为假如世界的呈现方式与时间无关，那么死去之后，这个概念便失去了意义。虽然单凭纯粹的思辨，我们不能获得独立于时空之外事物的证据，但是可以保证的是凭借单纯的思辨能有效排除这些证据不存在的障碍，在我看来康德的哲学贡献就在于此。

现在让我们就同一个话题谈谈爱因斯坦。假如你看过康德的《自然科学的形而上学基础》，你就会同意我的观点，康德对待科学的态度是十分质朴的。在康德眼中，他所处的时代，即 1724 年至 1804 年间的物理科学就是科学的最终形态。为了达到目标，他一生都在忙着研究哲学，希望在哲学上有所发现。对后世哲学家来说，像康德这样伟大的天才所犯的错误，对他们具有警示和引导作用。康德认为空间是无限的，并始终相信欧几里得总结的几何特征，这些特征赋予了空间几何性质，而人类感性的本能形式就是空间。在欧几里得的空间中，物质像身体柔软的动物一样活动，物质的形状能够随时间的流逝而改变。与那个时代的物理学家们一样，对康德来说时间与空间是两个截然不同的概念，因此他毫不犹豫地将时间称为内感官形式，将空间称为外感官形式。但是欧几里得的无限空间不能描述我的经验世界，最好的方式是把时间和空间看作四维的统一体。这与康德的理论基础不同，但这对康德哲学中最重要、最有价值的部分并无影响。

这个四维空间理论的确立是由爱因斯坦、洛伦兹①、庞加莱②和闵可夫斯基③等人完成的，他们的发现对整个世界，包括哲学家和普通人在内的所有人都产生了巨大的影响。他们让人们明白，即使在经验范畴内，时空的关系也远比康德想象的复杂得多，比历史上任何物理学家和普通人、学者所想象得都复杂。这个新观点对传统的时间概念产生了巨大冲击，时间是一个过去与未来的概念，受到四维空间理论的巨大影响，人们对时间的观点产生了空前的变化，新的时间概念体现在以下两个地方：

1. 我们知道"过去与未来"的概念基于因果关系，我们可以将它理解为，假如事件 B 是由事件 A 导致的，或者说事件 A 可以改变事件 B，那么如果 A 没有发生 B 就不会发生或不会改变。例如如果一颗炸弹爆炸，坐在炸弹上的人会被炸死，远处还能听到爆炸的声音。炸弹爆炸和坐在炸弹上的人被炸死同时发生，而在远处听到爆

---

① Hendrik Antoon Lorentz（1853~1928）：荷兰物理学家、数学家，经典电子论的创立者。提出著名的洛伦兹变换公式，指出光速是物体相对于以太运动的极限速度，1902 年与塞曼一同获得诺贝尔物理学奖。

② Henri Poincaré（1854~1912）：生于法国南锡，法国数学家、天体力学家、数学物理学家、科学哲学家，"批判学派"代表人物之一，相对论的理论先驱。

③ Hermann Minkowski（1864~1909）：德国数学家，开创了"数的几何"，他把三维物理空间与时间结合成四维时空，为相对论的发展做出了杰出的贡献，在数论、代数、数学物理和相对论等领域有杰出贡献。

炸声会比这个声音发生得晚，但不管怎样，听到的爆炸声和死亡的时刻都不能比爆炸早发生，这是一个基本概念。在日常生活中，我们也是凭借这个概念来判断两个事件中哪一个发生得早，哪一个后发生。先后的区别是建立在结果不能先于原因这个概念基础上的。假如我们确定是事件 A 引起了事件 B，或事件 B 发生后出现了事件 A 的迹象，那么显然事件 B 的发生不应比事件 A 早。

2.实验与观测的结果可以证明事件的传播速度不是无限的，这是新的时间观念的第二条原则。通过实验可测得，光在真空中的速度达到了上限，在人类眼中这是最快的了，光可以以每秒绕赤道七圈的速度传播，光速虽快却不是无限的，我们将它记为 c。当我们认可这个自然界的基本事实，那么上述的因果关系就不是普遍或绝对的了，因为它们不仅仅是基于过去与未来、早与晚的区别。想要弄清楚这一点，不使用数学术语恐怕是不行的。这倒不是因为复杂的数学能够解释一切——包括时间概念，而是日常生活中充斥着旧的时间观念，如果不使用时态会导致你连一个动词都没法正确使用。

下面是一个最为简单的推理，甚至有些不那么准确。假定有一个事件 A，再假定事件 B 发生比事件 A 晚一些，且处于以 A 为圆心 Ct 为半径的圆以外，那么 B 不会出现任何 A 的痕迹。当然通过 A 也不会知道 B 的痕迹，因为两者之间不存在因果关系。但是我们知道 B 发生得晚一些，我们开始建立的标准就被打破了。不管是 A 先还是 B 先，这个判断标准都失效了。那么我们的结论是否正确呢？

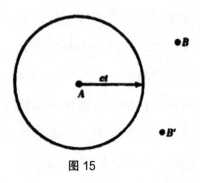

图 15

假设事件 B' 先于 A 发生，它处于以 A 为圆心以 Ct 为半径的圆外。在这种情况下同上面的情况一样，B' 也没有任何痕迹到达 A，那么 B' 就不会显示任何 A 的痕迹。

因此我们能够清楚地看到在这两种情况下，事件双方都是相互独立互不关联的。B 和 B' 在和 A 的因果关系上是一样的，不存在什么差别。那么若将"先与后"作为因果关系的基础，会推出 B 和 B' 是同一种事件。它们既不比 A 早也不比 A 晚，因为它们总是在时空当中采用同一种参考系，使得 A 与 B 或者 A 与 B' 同时发生。这种事件占据的时空被叫作"可能同时性区域。"这是爱因斯坦狭义相对论中的观点。

今天，这些发现在物理学上已是不争的事实，如同我们使用乘法表或毕达哥拉斯定理一样，我们日常工作中也常用到它们。有时我对于这些问题能在大众和一些哲学家当中引起巨大的轰动而感到好奇。我猜想或许是因为这些发现将我们从"过去与未来"这个规则中解放出来，从而打破了时间这个外部世界强加给我们的枷锁。正如《圣经·旧约》前 5 卷中所写的那样，时间的确是最严厉的主人，它将我们的一生限制在了短短的七八十年。不过在相对论出现以前，我们都认为时间主宰的计划无懈可击，即使能对它进行一番无关痛痒的戏谑，也会使我们感到巨大的宽慰。因为它我们得以重新审视整个时间表，从而发现时间表并没有我们原先以为得那么严格。这种思想具有深远的哲学特性，我们可以赋予它教义思想的名称。我们有时会对一些说法产生错误的认知，以为爱因斯坦对康德时间理念化的思想持否定态度。事实正好相反，爱因斯坦在康德成就的基础上又向前推进了一大步。

我们已经探讨了柏拉图、康德和爱因斯坦对哲学和宗教的影响，不过从康德到爱因斯坦前的一个世纪，物理学发生了一次重大事件。虽然它没有像相对论那样引起巨大的轰动，但应该对于普通人的思想冲击非常大，引起广泛的兴趣，从这一点上来看，它与相对论是一样的。而事实上，这种冲击并未发生。究其原因，我认为这是因为它与相对论相比更难以被大众所理解，或许真正能够领悟它的不过几人而已。这次思想改革与美国的威拉德·吉布斯和奥地利的路德维希·玻耳兹曼有联系，下面我来谈谈他们的观点。

自然界中事件发生的过程基本是不可逆的，我们很难找到例外。试想一下与物理规律正好相反的事件，它发生的先后顺序和人们实际观察到的相反，就像是影片倒着放一样。虽然我们可以马上想像到这样的逆向过程，但在现实中是不可能的。

　　我们可以用热力学或统计学理论来解释一切事物普遍的方向性，它是玻耳兹曼理论最重要的成就，可谓实至名归。我没办法在此对这些理论进行更详细的解释。事实上，对领悟这个解释的要点而言，并不需要太过详细的解释。若将不可逆性归因于原子和分子的微观活动的基本规律，这样的理解和解释明显不充分，这样的看法，不会比"火是热的，因为它有炽热的性质"好多少，而后者是依据中世纪纯粹字面上的意义解释的。玻耳兹曼的观点是，我们所理解的所有有序状态都是向着无持续状态自然而然地变化的。但只要反过来就不行了，例如：拿一副牌来按顺序排好，从红心7、8、9、10、J、Q、K、A开始，再将方片按这个顺序排好，其他的花色同样如此。然后我们来洗牌，通过一次、两次、三次的洗牌，这副顺序整齐的牌被打乱成了无序的牌，但这不是洗牌过程的固有特性。接着洗这副混乱的牌，我们可以通过精心设计的一次洗牌过程使接下来每次洗牌都能抵消前一次洗牌的效果，以使混乱的牌恢复原来的顺序。但是事实上人们都认为这一次洗完的牌比前一次更加混乱，没有人会等待很久，直到新洗的牌变得整齐，那只能靠运气！

　　玻耳兹曼对自然界发生的任何事情都具有一致方向性的解释，同上文所阐述的那样，包括了生物从出生到死亡的整个生命历程，时间箭头与相互作用机制没有关系，这是最重要的一点。就像洗牌，时间箭头与我们的机械洗牌毫无关系。洗牌本身不包含过去和未来的因素，所以本身就能够随时逆转，"箭头"则是表示过去和未来的时间因素，是一个统计学概念。类比洗牌的例子，一副牌仅有一种或几种有规律的排列方式，却有不计其数的混乱不堪的排列方式。

然而，这个理论一再遭到人们的反对，其中有许多来自异常聪慧的人。这些反对意见大致都认为这个理论存在逻辑错误，如果粒子的基本结构在时间上是完全对称的，无法区分时间的两个方向，那么为什么粒子的综合行为明显地倾向于某个时间方向呢？如果一个方向上出现了综合行为，那么它在相反方向上也应当出现。

如果以上论据是正确的，那么正切中了这个理论的要害，因为它一针见血地指出了这个理论的最重要观点中的不足：不可逆的事件从可逆的基本机制中产生。

虽然上文的论据非常有分量，但还不够彻底。这个论据中有一点，毫无疑问是正确的：如果事情在时间的一个方向上成立，那么在相反的时间方向上也成立。这是因为时间在两个方向上是完全对称的。但不能轻易下结论说，在任何情况下两个方向上都是等价的。说得谨慎些，在某种情况下"耗散"在我们所了解的特殊世界中只朝着一个方向运行，我们将它称为从过去到未来。简而言之，时间流动的方向，必须由热统计理论通过自身定义来决定。

在不同的物理学体系当中，统计学定义所给出的时间方向，并不一定总是相同的，这正是我们最担心的。玻耳兹曼直接面对了这种可能性，在他眼中，假如宇宙足够大或者存在的时间足够长，那么有可能在世界的某个地方，时间正在朝相反的方向倒流。尽管这个论点引起了争论，但现在确实没有必要继续下去了。在玻耳兹曼的时代，他并不知道我们目前所了解的宇宙可能不够大，存在的时间也不够长，所以不会发生大规模的时间倒流。不过我想最后做一点不带详细解释的补充，在微小的时间和空间上，局部的时间倒流已经被观察到了（布朗运动[①]，斯莫卢霍夫斯基）。

在我看来，相对哲学，"时间的统计理论"能产生更大的影响力。相对论虽然也引发了巨大的变革，但它在方向性上仅仅做了假设，并没有具体触及时间流动的方向性。而统计理论却不同，它从事件产生的时间顺序建构了理论基础。这意味着我们摆脱了时间的"专制统治"。由此我觉得，我们在意识的世界中构建的东西不具有控制我们意识的能力，也没有制造或消灭意识的能力。毫无疑问的是，现阶段的物理学证明，意识不会被时间毁灭。

---

① 布朗运动是指悬浮在液体或气体中的微粒所做的永不停息的无规则运动，因由英国植物学家布朗发现而得名。做布朗运动的微粒直径大约为 10^{-5}~10^{-3}cm，由于液体分子的热运动，这些微粒受到来自四面八方液体分子的撞击，这种不平衡的撞击使得微粒在运动中不断改变方向，做无规则运动。随着液体温度的升高，微粒的布朗运动的剧烈程度随之增加。

第六章

感觉的奥秘

:

在书的最后一章中，我想详细论证阿布德拉的德谟克里特的著名论断中的两点。在他的理论中，我们可以看到他已注意到了一件很奇怪的事。一方面，不管我们从日常生活中得到的认知，还是通过精心的实验获取的知识，我们对世界的一切认识都来自于直观感受、感觉；另一方面，我们的这些知识并没有揭示感觉与外部世界的联系，因此我们对外部世界的印象和这些知识所建造而成的模型当中没有任何感觉的成分。尽管这个论断的前半部分得到了所有人的赞同，但后半部分却很少被人察觉到。这通常是因为人们都崇尚科学，所以人们都相信科学家可以用极为先进的方法，做到别人做不到的事情。

　　如果你问一位物理学家：什么是黄色光？他会回答是一种波长在 590 纳米的横向电磁波。那么黄色来自何处呢？他会说根本不存在黄色，我们所看到的颜色，是健康人眼中的视网膜接触到这种电磁波时产生了黄色的感觉。

　　深入问下去，你将了解不同的波长在人的视网膜上会产生不同色彩的感觉，但只有波长在 800 ~ 400 纳米的光才会产生。这种感觉并不适用于所有的光。物理学家通过研究发现红外线（波长大于800 纳米）和紫外线（波长小于 400 纳米）与波长在 800 ~ 400 纳米之间的光波基本是相同的现象。人的眼睛对光的选择是如何产生的呢？显然是为了适应阳光的辐射。800～400纳米的波长区域内太阳光的辐射最强，两侧则渐渐减弱，而黄色恰好落在阳光辐射最强的区域，即峰值。所以黄色是人的眼睛能感受到的最强光。

将问题深入下去，黄色的视觉感受仅在波长约为590纳米时产生吗？答案是否定的。例如：760纳米的光会产生红色，535纳米的光会产生绿色，将二者混合就能产生黄色光，与590纳米的黄色光波在视觉上完全是一样的。在单色光照射下和混合光照射下，它们看起来一模一样，完全区分不开。我们可否通过波长来做一个预先的视觉判断呢？色觉和光波的客观物理性质是否存在数学上的关联呢？答案是不存在，我们通过实验发现这类混合光图，即色三角[①]，波长只是其中的一个因素。但色三角与波长有着更复杂的关系，例如，将光谱两端的红色和蓝色的光混合，产生了紫色光，而光谱里没有一种单色光是这种颜色。混合光图和色三角对每个人来说，都是不同的。色三角异常的人和色三角正常的人对此的感觉差异更大，但三色视觉异常的人并不是色盲。

物理学家想通过对光波的客观物理性描述来解释色彩感的产生，却行不通。生理学家能解释色彩感的产生吗？如果他们对视网膜的变化过程，以及这个变化过程中视觉神经丛与大脑内部的相互反应

---

① 色三角：麦克斯韦最早提出。基本形状是等腰直角三角形，三个顶角分别代表红、绿、蓝三种。

有更充分的了解，是否就能够解释色彩感的产生呢？我认为恐怕不行，我们能够弄清楚在某个方向或某个视觉可感受的区域中，大脑在黄色显现时产生了改变。此时我们或许可以通过某种仪器或技术捕捉到某些神经纤维被激发，及在大脑中引起的变化过程，但即使如此，我们依然对人为什么会产生色彩感觉，或为什么会感到某个方向是黄色毫无头绪。我们对同样的生理过程引起的味觉，比如甜味的了解也是一样的。我只想说就像对电磁波的客观描述不包括电磁波的特征一样，对神经过程的客观描述，也不会出现"黄色""甜味"这样的生理感觉特征的说法。

其他感觉对我们来说也是如此。把我们刚才研究过的色彩感和听觉做比较，是一件很有意思事。声音通过空气中膨胀或交替收缩的弹性波传到我们耳朵中，他们的波长或是频率决定了音高。不用说大家都知道，可听到声音的频率范围与可见光的频率范围大不相同。声音的大约是每秒12～16赫兹到每秒20000～30000赫兹。然而可见光的频率比它高了几千亿倍。但是相对而言，声音变化的幅度比光大很多，它包含十个八度，而可见光还不到一个八度。每个人能听到的声音范围不同，其中年龄的影响很大。通常随年龄的增长人所听到的音高上限显著下降。声音还有个特别之处，既便将几种频率不同的声音混合在一起，也不可能产生一个和中间频率相同的音调，就算是普通人也能够区分出叠加在一起的多个音调，而对于那些音乐造诣较高的人更是如此。把很多不同强度和不同特点的较高单音组合起来，就构成了人们常说的音色，我们可以凭借哪怕一个音符的音色来区分出小提琴、军号、教堂钟声、钢琴等。甚至连噪音都有自己的音色，我们可以通过它的音色来推测正在发生的事。我的狗对开启铁盒发出的声音有反应，因为有时我会从里面取饼干来喂它。在这些例子中，重叠声音的频率比至关重要，因为它们是以相同比例变化的，所以不影响音色。如同留声机的唱片，无论播放速度的快慢怎样变化，你都能分辨曲调。然而，如果重叠声中某些声音的绝对频率发生变化就会与之前所述不同。使用留声机时，如果加快唱片的播放速度就会使元音发生显著改变。例如 car 中的 a 变成的 care 中的 a 那样。在一个频率段中连续发出的声音，不管先后和高低，抑或同时发声，都是很刺耳的，像汽笛和猫叫那样。想要同时发声比较困难，需要许多汽笛同时响起或一群猫一起叫才行。这明显和视觉不同，人们通常看到的色彩都是光连续混合形成的。在大自然或绘画中连续的色彩往往显得绚烂美丽。

我们可以通过对耳朵生理结构的了解来探讨听觉的主要特征，值得庆幸的是，比起对视网膜的了解我们对耳朵生理机制的了解更多、相关知识更丰富。耳蜗是内耳的一个重要结构，它是一根卷曲起来的骨管，看起来就像海螺的壳。耳蜗的内部构造像是纤维的盘旋楼梯，越往上越狭窄，盘旋楼梯中间都有网状弹性纤维连接。这些纤维形成了耳膜，在底部最宽向上则逐渐减小，所以它们看起来像是竖琴或钢琴的琴弦。当耳纤维接触到不同频率的震动时，会产生相应的机械反应，耳膜中对某个特定频率做出反应的，不止是单根纤维，而是耳膜的某个区域。当高一点的音频产生，相应的区域也会转换到纤维更短的地方。特定频率的机械振动在神经纤维中激起神经冲动，它们会被传导给大脑皮层的特定区域。我们知道刺激强度能改变神经脉冲的频率，而神经冲动的传导过程都基本相同的，千万不要将它和声音的频率混淆。

事实上情况并不那么简单，例如：人的耳朵确实拥有区分音调和音色的能力，那么如上文所述，一个物理学家是能够设计出许多能区分音调和音色的耳朵构造，也很可能会设计出人耳原本的样子。假如耳蜗里的每一条弦都准确地对应振动区域的某个特定频率，那么事情就简单多了。但实际并不是这样，因为这些弦的振荡会逐渐衰减，而振荡中受到阻力，扩大了共振频率的范围。物理学家设法减小阻尼却导致了严重的后果，因为声音的声波停止后，我们听到的声音却不会同时停止，而是要持续到耳蜗中不受阻尼的共鸣器停止活动。要区分音调的细微差异势必会损失对声音前后间隔的辨别能力，然而出乎意料的是我们的耳朵能有效地协调二者。

我在这里所讲述的细节问题，旨在说明一点，无论是物理学家还是生物学家，都没有把握住听觉的任何特征，一切诸如此类的描述最终都会以一句话结束：神经刺激传递到大脑的特定区域，从而被转化成声音的感觉。我们可以观察到当耳膜在空气的压力下产生振动，这种运动又被细小的骨头传到另一张膜上，然后再传递到耳蜗里，如上文所述，耳膜由很多长度不同的网状纤维组成。耳蜗中，这种振动着的纤维会通过某种方式与相连的神经纤维产生电磁传导和化学传导，我们可以进一步了解到神经传导进入大脑皮层，甚至掌握大脑皮层中产生的变化，但是仍然无法解释转化成声音的感觉这个谜。它的解释并不存在于科学图景中，它隐藏在被探索的大脑和耳朵的人的意识中。

我们也可以用同样的方法，探究味觉、嗅觉和知觉。嗅觉能判断不同的气体，味觉则可以判断不同的物质。它们与视觉有一个共同特点：可以就无限可能的刺激产生几种有限的基本感觉。就味觉而言，主要有酸、甜、苦、咸，以及它们的混合味道。而嗅觉的种类相对来说比味觉丰富得多，尤其那些嗅觉非常灵敏的动物，比人的嗅觉敏锐很多。在对动物的观察中，不同动物对物理和化学刺激的客观特性的反应不同。比如：蜜蜂的视觉发达，它能看到紫外线，它们真正拥有三色视觉。不久前，慕尼黑的冯·弗里希发现，蜜蜂对光的偏振极其敏感，其他生物对此的敏感度远低于它们。这种对光的偏振的极度敏感能帮助蜜蜂辨别太阳的方向，让人感到不可思议。因为对人类来说，即便是完全偏振的光，人类也无法将它与普通无偏振的光区分开。对高频振动敏感的蝙蝠自身能够发出超声波，它们以超声波作为自己的雷达，以躲避障碍物。其对超声波的敏感远远超出了人类听觉的范围。人们如果在无意间触碰到极其冰冷的物体，会在接触的瞬间被"烫"到，甚至手指上出现灼烧的感觉。

这是人类对冷热感觉表现出的极端现象。

大约在二三十年前，美国化学家发现了一种奇怪的化合物，我不记得它的化学名称了，只记得是一种白色的粉末。有些人觉得它没什么味道，有些人却觉得它很苦。这个现象引起了人们的注意，研究者纷至沓来。经过研究人们发现，能否品尝出这种物质取决于个人味觉的特性，与其他条件没有任何关系，而味觉特性是与生俱来的。有趣的是，和血型的遗传方式相似，这种特性的遗传遵循了孟德尔的遗传定律。正如血型的遗传一样，是否能尝出这种味道没有优劣之分，不过在能分辨味道的人身上发现，他们的杂合子里两个"等位基因"中有一个是显性基因。这种被偶然发现的物质不是独一无二的，但发现味道不同的感觉却是真正普遍存在的现象。

现在让我们对视觉的产生以及物理学家如何分辨它的客观特性，再进行一次深入的探讨。迄今为止，人们都已知道光是由围绕原子核周围的电子作用产生的，电子不是红色，也不是蓝色或者其他颜色的，质子与氢原子的原子核也是如此。但是物理学家发现只要氢原子中的电子和质子结合就会产生某些分立的不同波长的电磁辐射，假如用棱镜或光栅分离电磁辐射，观察者通过某种生理过程可以产生红、绿、蓝、紫的感觉。以我们对生理过程的了解，可以确定它们不是神经细胞受刺激后显示的颜色，因为神经细胞在受到刺激时不会显示颜色。神经细胞受到刺激后，是否会出现灰白色？它的变化，是不是因为受到了刺激，这与个体因受到刺激产生的色彩感觉对比不值一提。

然而，通过对氢蒸气光谱中特定位置的彩色谱线的观察，我们可以对氢原子的辐射以及这种辐射的客观物理性质有一定的了解。从观察中可以获得第一手认知，但绝不是完整的知识。只有当我们完全将主观感觉排除在外才能得到对辐射完整的认知。事实上，从颜色本身来看，它并不能令人得出关于波长的任何特性，这一点我们早已知晓。例如：我们看到的黄色光在物理学家眼中可能并不是"单色光"，而是由许多不同波长的光组合成的；而依靠光谱仪，特定波长的光才会在光谱中确定的位置汇聚。不管光源是来自哪里，在光谱仪同一位置上的光始终都显示出同一种色彩。即便如此，我们仅对"色觉使人具有一点分辨力"有一点认知外，对光的物理性质、波长和其他性质没有任何确定的成果。物理学家不满足于人类拥有的这一点点色彩的区分能力。若我们通过波长来规定颜色，波长较长的光引起蓝色的感觉，波长较短的光引起红色的感觉，但这些规定与前面的说法相反，它们都是先验感觉。

要充分了解任意光源发出的光的物理性质，我们需要用一种特殊的光谱仪——衍射光栅来分解光。为什么不能采用棱镜呢？因为不同材料的棱镜会产生不同的折射角度，所以难以预知不同波长的光被棱镜折射后的角度。确切地说，当波长越短折射会越强，所以用棱镜你没法做出准确的判断。

和棱镜相比，衍射光栅的原理简单多了。光是一种波动现象，这是我们对光的基本物理假设。你可以通过测量每英寸光栅中包含的等间距沟槽的数量，来计算特定波长光的衍射的角度。反之，从"光栅常数"和衍射角度可以推出光的波长。在某些情况下，比如在塞曼效应 [①] 和斯塔克效应中，一些光谱线产生了偏振，人的眼睛根本感受不到光的偏振。想要在这种情况下进行物理描述，必须在分光之前，在光通过的路径上放一个偏振仪———尼科耳棱镜。只要慢慢转动棱镜，当它转动到一定的角度时，一些谱线就消失了；如果光线的亮度大大减弱，就是部分偏振，通过偏振仪就能知道光线的偏振方向。

如果这种技术成熟的话，就可以被应用到可见光之外的范围。闪烁蒸气的谱线大大超越了可见光范围，肉眼是无从分辨的。这些谱线汇聚起来形成序列，理论上有无数个这样的序列，并且每个序列中的谱线波长都有一个十分简单的数学规则，不会因为某些谱线在可见光波范围内而改变。

这个规则虽然是对实验的总结，但它的相关理论已在实际中被使用。我们可以在可见光范围外放一块儿显影板，用它来替代人眼，然后通过测量来获得光的波长。第一步，我们要测量相邻沟槽的距离，可以得到"光栅常数"；第二步，测量显影板上谱线的位置。完成上述步骤后，依照测量的结果，结合设备仪器的已知体积，就

---

① 塞曼效应是法拉第磁旋光效应之后发现的又一个磁光效应，指原子光谱线在外磁场中发生分裂且偏振的现象。洛仑兹在理论上解释了谱线分裂成 3 条的原因。塞曼效应证实了原子磁矩的空间量子化，利用塞曼效应可以测量电子的荷质比。

能计算出折射的角度了。

以上的这些都是常识，但它们几乎适用于所有物理测量，所以我要着重介绍两点：

对于我在这里所描述的状况，人们通常会这样认为：随着测量技术的不断发展，日益精密的仪器会逐渐取代观察者。实际上并非如此，观察者不是在观察中逐步被取代的，而是从一开始就已被取代了。观察者对光的彩色感觉，并不能为判断光的物理性质提供什么线索，这是我之前就解释过的。直到光栅测量长度和角度的仪器诞生，否则我们难以多了解一点光的物理性质和成分。在我们认识光的性质的路上，测量仪器是必不可少的。虽然我们会不断改进测量仪器，但从认识论的角度来看，无论仪器被改良到什么程度都不重要，仪器的本质不会改变。

其次，观察者不可能完全被仪器取代。假如这种情况发生，观察者将无法再获取知识了。在仪器的制作和完成后，观察者都要仔细测量仪器的大小尺寸，认真检查它的活动部件，以确定仪器达到我们的设计要求。物理学家所做的测量和检测工作，要依赖生产和销售仪器的厂家。但不可忽视的一点是，无论有多少精巧的仪器，使观察研究工作更加便利，但这些信息最终都要传递给处理信息的人或某些人的器官。

最后，无论是对角度和距离的测量，还是在显微镜下或胶片底板上测量，运用到仪器进行的研究最后数据都要由观察者来读取。数据的读取工作，可以利用许多新设备来辅助完成。例如，使用透明片的光度记录仪可以突出谱线位置而使其易于辨认。但是，无论如何，这些测量数据都需要人来读取，所以观察者的感官参与是必然的。如若无人审读，纵有精确的观测记录，我们也不可能得到结论。

于是我们又回到了开头的那种情况。我们已经知道来自现象的感知，不能传达客观物理规律的信息。感知从一开始就要抛弃掉，不能将它们作为信息的来源。而我们获得的理论模型完全依赖各种复杂的信息，这些信息却是由感知直接获得的。我们不能说知识当中包含了感知，但我们的理论模型确实是在这些信息基础上建立的，是由这些信息组合而成的。当使用理论模型时，我们只是很笼统地知道，光波的概念来自实验，而非突发奇想。但我们总是忽视了感觉。

早在公元前5世纪，德谟克里特就知道了这个奇怪的现象，我对此非常吃惊。虽然他并不知道，也没有研究制作上述那些物理测量仪之类工具的意图。

盖仑①所保存的一个德谟克里特的论断，里面涉及了对于智慧和感觉来说什么是"真"的辩论。智慧说："从表面上看万物皆有色彩、有甘苦之别，但实际上只有原子和虚空。"感觉闻之反驳道："智慧啊，你真可怜！你拿着我们的论据来反驳我们，怎么可能成

---

① Claudius Galenus（约129～199）：古罗马时期最著名、最有影响的医学大师，动物解剖学家和哲学家。提出了人格类型的概念——体液说，试图揭示人体是如何工作的。主要作品有《气质》《本能》等等。

功，你的胜利就是你的失败！"

在本章中，我用一些基础科学和物理学中的简单例子来阐述两个普遍事实：感觉是所有科学知识的基础；但是这样形成的科学知识中并不包含感觉的成分，因此它不能解释感觉。最后让我做一个简短的总结。

科学理论的发展对我们研究观察结果和实验有帮助。每一位科学家都明白，在理论雏形尚未被确立之前，对人们来说要记忆一系列的相关理论事实很困难。这也难怪在这种理论形成之后，逻辑严密的理论创始人却总是在论文或著作中省略他们发现的基本事实，甚至不愿告诉读者，反而是用一些专业术语把它们隐藏起来。虽然这种方式有一定的好处，能帮读者有规律地记忆事件，但这样也会忽视通过实际的观察和从观察中得到理论的区别。因为观察总是包含感觉的成分，所以使人们误以为理论可以解释感知。实际上，理论根本没法做到。